AF130187

www.**kickstartbusiness**.de

Der Vereinfachung beim Schreiben und Lesen halber habe ich in diesem Buch immer die männliche Form verwendet: der Benutzer, der Anwender usw. Dieser Artikel dient als allgemeiner Gattungsbegriff und schließt weibliche Personen automatisch mit ein.

Ich habe mich bemüht, so sorgfältig und vollständig wie möglich bei der Zusammenstellung dieses Buchs zu sein. Gleichwohl kann keine Garantie gewährt werden, dass die enthaltenen Informationen wegen der Schnelllebigkeit des Internets unbegrenzte Gültigkeit besitzen. Obwohl äußerste Anstrengungen unternommen wurden, sämtliche Hinweise in dieser Publikation zu überprüfen, übernehme ich keine Verantwortung für Fehler, Auslassungen oder unterschiedliche Interpretation. Etwaige Ähnlichkeit mit Personen oder Organisationen ist unbeabsichtigt.

In dieser Fachliteratur wird – wie üblich – keine Einkommens- oder Erfolgsgarantie gegeben. Jeder Leser ist aufgefordert, gemäß seiner persönlichen Umstände und Fähigkeiten zu handeln. Dieses Buch beabsichtigt nicht, auf juristischem, steuerrechtlichem, wirtschaftlichem etc. Gebiet zu beraten. Dem Leser wird empfohlen, vor jeder geschäftlichen Unternehmung fachmännischen Rat bei einem Rechtsanwalt, Steuerberater, Wirtschaftsprüfer usw. einzuholen. Okay. Dies zu den Formalien vorneweg. Zeit zu starten!

Bibliographische Information Der Deutschen Bibliothek: Die Deutsche Bibliothek verzeichnet diese Publikation in der Deutschen Nationalbibliographie; detaillierte bibliographische Daten sind über http://dnb.ddb.de abrufbar.

4. Auflage

Gestaltung und Satz: artivista | werbeatelier GbR, www.artivista.de

Copyright © 2020 Marco W. Linke
Herstellung und Verlag:
Books on Demand GmbH, Norderstedt

ISBN 9783735787613

SEOGURU

VON MARCO WILHELM LINKE

„ES KOMMT NICHT DARAUF AN,
MIT DEM KOPF DURCH DIE WAND ZU
RENNEN, SONDERN MIT DEN AUGEN
DIE TÜR ZU FINDEN."

WERNER VON SIEMENS

Inhalt

VORWORT   11

WAS BEDEUTET EIGENTLICH SUCH-MASCHINENOPTIMIERUNG?   14

Die Freude über neue Kunden   14

Kauderwelsch: SEO, SEA oder SEM   18

Grundprinzip der Suchmaschinenwerbung (SEA)   21

   a | Wesentliche Vorteile der Suchmaschinenwerbung   23

   b | Wesentliche Nachteile der Suchmaschinenwerbung   24

Grundprinzip der Suchmaschinenoptimierung (SEO)   26

   a | Wesentliche Vorteile der Suchmaschinenoptimierung   28

   b | Wesentliche Nachteile der Suchmaschinenoptimierung   29

Suchmaschinenoptimierung vs. Suchmaschinenmarketing   30

Die Suchmaschine   31

Crawler, Spider und Robots   32

Google   33

OnPage- und OffPage-Optimierung   38

ONPAGE SEO   42

Allgemeine OnPage SEO   42

Die Keyword-Suche   44

Schlüssel zum Erfolg: Keywords 46

Competition Research 49

  a | Suchvolumen 51

  b | Wettbewerb 51

  c | Relevanz 53

  d | Weit oder eng 53

  e | Lokal oder global 55

  f | Guru-Trick 1: Suggest / Related Search 56

  g | Guru-Trick 2: KEI 58

  h | Guru-Trick 3: LSI 59

  i | Ein konkretes Beispiel 60

Inhalte aufbereiten (Content) 63

  a | Generelle Überlegung zu Textinhalt und Keywords 64

  b | Keyword-Prominence 65

  c | Keyword-Dichte 65

  d | Keyword-Stuffing 66

  e | Keyword-Variation 66

  f | Keyword-Nähe 66

  g | Guru-Trick: Slugs 67

Inhalte aufbereiten (Coding) 69

  a | Internetadresse 70

  b | Guru-Trick: Sprechende URL 71

  c | Meta-Tags 71

  d | Guru Trick: Dateiname anpassen 79

  e | Guru Trick: Semantisch auszeichnen – Strong vs. Bold 80

Zehn versteckte Guru-Optimierungen   81

   a | Internes Link-Building   81

   b | Was Sie NICHT tun sollten ...   83

   c | Der Sitemap Creation Guide   84

   d | Robots.txt   86

   e | .htaccess   90

   f | Rich Snippets   90

   g | 404-Seiten optimieren   91

   h | Anker-Texte im Kontext   91

   i | Zwingen Sie Google, Ihre Keywords zuerst zu lesen!   92

   j | Quelltext zur Konkurrenzanalyse   93

SILO   94

   a | Was ist eine Silo Structured Website?   94

   b | Blaupause: Silo-Guru-Trick   97

OnPage-Praxisbeispiel   99

   a | URL optimieren   99

   b | Header-Tag   100

   c | Content   101

   d | Semantisch auszeichnen   101

   e | Alt   101

   f | SILO   102

OFFPAGE SEO 103

Wie wichtig ist die OffPage-Optimierung?   104

Allgemeines zum Link-Building   106

Wie Sie Verlinkungen zu Ihrer Seite bekommen.   108

    a | Link-Tausch   108

    b | Achtung, Link-Spamming!   111

    c | Eintragungen in Webkatalogen   112

    d | Pressemitteilungen schreiben   113

    e | Foren-Marketing   113

    f | Gastschreiben   115

Fachartikel Marketing   117

    a | Die Überschrift   118

    b | Die Kurzfassung   119

    c | Die Handlungsaufforderung   119

    d | Ankertext   119

    e | Ressourcenbox   120

    f | Neugierig machen   120

(Blog)Beiträge   122

    a | Relevante Blogbeiträge schreiben   122

    b | Kommentieren auf Blogs   122

    c | Yahoo Answers   123

    d | Weitere Möglichkeiten   124

Social Marketing   124

    a | Langkontakt: Facebook   129

    b | Schnellkontakt: Twitter   130

    c | Guru Trick: Social Media optimal einbinden   131

PBN   133

    a | Domains kaufen   133

b | Provider suchen   135

c | Domains vernetzen   135

Das Geheimnis, wie Sie in 24 Stunden bei Google gelistet werden   141

BLACK HAT SEO 144

White Hat   144

Black Hat   145

Black Hat vs. White Hat SEO   146

So werden Sie abgestraft   147

a | Wie bemerken Sie, ob Ihre Webseite verboten worden ist?   148

b | Warum werden Webseiten von Google verboten?   148

Mythen & Risiken   150

Vorsicht beim Link-Kauf   154

SCHLUSSWORT 156

Über mich   157

Bonus 1: Buch-Updates   158

Bonus 2: Workshop   159

Bonus 3: Community   159

MARCO WILHELM LINKE

seo: seo-marketing-guru.de

marketing: kickstartbusiness.de
wordpress: designers-inn.de
agentur: artivista.de

social: facebook.com/designersinn.de
social: facebook.com/kickstartbusiness

Vorwort

Lieber Finder,

zunächst möchte ich mich bei Ihnen für den Kauf dieses Buchs bedanken. Es freut mich sehr, dass Sie diesen Ratgeber für kaufenswert erachtet haben. Am meisten freut mich aber, dass Sie dieses Werk unter den Millionen von Veröffentlichungen gefunden haben! Denn dies bedeutet, dass die Guru-Techniken, die ich Ihnen auf den folgenden Seiten lehren werde, in der harten Praxis erfolgreich sind! Dabei ist es gleich, ob Sie dieses Buch über eine Website oder in einem Shop ergattert haben (auch Artikelseiten in Buchshops wie Amazon lassen sich nach den Regeln dieses Ratgebers optimieren). Und das Beste daran ist, dass auch Sie in Kürze in der Lage sein werden, Ihre Produkte und Dienstleistungen neuen Kunden auf dem Silbertablett zu präsentieren.

Wenn Sie bereits ein Buch von mir gelesen haben, wissen Sie, dass ich lieber kurz und knapp ein Thema behandele, statt zwanghaft viele Seiten zu füllen. Dennoch ist das Thema „Suchmaschinenoptimierung" (kurz SEO) etwas komplexer und der Wissensstand der Leser umfasst das breite Spektrum von Einsteigern bis Profis. Insofern habe ich ein „Vorabkapitel" geschrieben, in dem ich die Grundlagen der SEO liefere. Ich empfehle aber auch fortgeschrittenen SEO-Spezialisten, die ersten Kapitel zu lesen, damit wir alle den gleichen Wissensstand haben, wenn es richtig spannend wird.

Viel Spaß!

Das Internet gehört zu den am schnellsten wachsenden Märkten. So ist es wenig verwunderlich, dass auch das Thema SEO einem rasanten Wandel unterliegt. Also wie kann ich als Autor dem Thema SEO in einem Buch gerecht werden?

1. Fundiertes Wissen

In diesem Buch lernen Sie nachhaltige Strategien für beständigen Erfolg. Stellen Sie sich SEO als ein Kartenspiel vor: Wir lernen die einzelnen Karten und Regeln (die SEO-Faktoren). Nun kann Google die Karten immer wieder neu mischen, aber wenn wir das Spiel beherrschen, werden wir weiterhin sehr gute Ergebnisse erzielen. Mit anderen Worten: Auch wenn Google jedes Quartal neue Anforderungen an uns stellt, bleiben die Grundprinzipien für ein gutes Ranking in der Regel gleich.

2. Aktuell bleiben

Dennoch gibt es hin und wieder einzelne neue Regeln, die man kennen sollte. Zudem gibt es quasi täglich neue Strategien, wie man sein Ranking schneller und einfacher verbessern kann. Die meisten Tricks sind nur Eintagsfliegen und bedürfen keiner weiteren Beachtung. Aber manchmal tauchen langfristig sinnvolle Strategien auf, die ich Ihnen nicht vorenthalten möchte.

Deshalb biete ich Ihnen kostenlose Updates zu diesem Buch an! Ich teste regelmäßig neue Lösungswege und gebe Ihnen die besten Strategien als Vorlage an die Hand.

Gehen Sie auf **http://seo-marketing-guru.de/seoupdates/** und laden Sie die aktuellen Ergänzungen zu diesem Buch herunter.

HINWEIS: Der Link ist nicht in Google indexiert. Er ist allein Ihnen vorbehalten. Bitte teilen Sie den Link nicht mit Freunden und Bekannten. Danke.

Kostenloses
Buch-Update

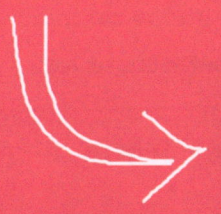

DOWNLOAD

LINK: https://seo-marketing-guru.de/seoupdates/

Was bedeutet eigentlich Suchmaschinenoptimierung?

DIE FREUDE ÜBER NEUE KUNDEN

....

Ich möchte dieses Kapitel mit einer äußerst simplen Feststellung starten: Eine Website macht nur dann Sinn, wenn man sie auch findet. Und damit meine ich nicht das „Finden" über die Adresseingabe im Browser, sondern das Auffinden der Website über eine Suchanfrage in den Suchmaschinen. Zugegeben, dies klingt zunächst banal. Aber in meiner langjährigen Praxis musste ich immer wieder feststellen, dass Kunden auf eine professionelle Suchmaschinenoptimierung verzichten, weil sie

‣ ihre Website aufrufen können, wenn sie die korrekte Adresse im Browser eingeben oder
‣ die Website in Google finden, wenn sie nach ihrem Firmennamen suchen.

Nun, natürlich ist es erfreulich, wenn ich meine Firma in Google finde, nachdem ich meinen Firmennamen „XYZ-Enterprise" in die Suchmaske eingegeben habe. Aber mal ehrlich: Es sucht kein Mensch nach dem Begriff „XYZ-Enterprise"! Und wer danach sucht, der kennt Sie ohnehin schon. Viel wichtiger ist es, dass Sie Interessenten finden, die Sie noch nicht kennen und sich zu einem Thema

(das Sie anbieten) informieren wollen, z.B. „Werbeagentur Berlin".
Schließlich erfüllt eine Website nur dann ihren Sinn, wenn sie Ihr
Unternehmen mit neuen Kunden zusammenbringt! Obwohl dies
nach keiner bahnbrechenden Erkenntnis klingt – und ich bin mir sicher, dass hier jeder zustimmt, der mit seiner Website Kunden gewinnen, Leistungen oder Produkte anbieten möchte –, haben viele
Webseitenbetreiber noch immer eine gewöhnungsbedürftige Ein-
stellung zum Thema SEO: Sie haben mit viel Mühe und Herzschmerz
eine brandneue Webseite erstellt, laden diese hoch und warten nun
darauf, dass die Suchmaschinen die Website gut positioniert und
einen unaufhaltsamen Strom kaufbegieriger Interessenten auf die
neue Website bringt. Wenn nach ein paar Wochen noch immer nur
ein paar verirrte Menschen Interesse zeigen, entscheiden sich die
einen, die Webseite zu optimieren, andere variieren Ihre Keywords.
In freudiger Erwartung auf Millionen von Besuchern überlegen sie
schon, wie sie all die Anfragen bewerkstelligen können. Womöglich
müssen sie schon bald expandieren? (Kein Scherz: Dieser Einwand
kam tatsächlich von einem Kunden, der sich vor SEO scheute, da
er überlegte, wie er logistisch einen reißenden Strom neuer Kunden bewältigen könnte.) Noch ein paar Wochen vergehen und noch
immer bewegen sich die täglichen Seitenaufrufe im ernüchternden
einstelligen Bereich. An diesem Punkt werden viele aufgeben oder
beschließen, eine andere Webseite zu erstellen, eine andere Zielgruppe zu finden oder ein neues Keyword zu versuchen. SEO sei
jedenfalls Quatsch und funktioniere nicht.

Sie schmunzeln jetzt sicher. Und dennoch passiert genau dies tagein
tagaus. Ich kenne viele Website-Inhaber, die keinen Wert auf SEO
legen. Frei nach dem Motto: „Wer mich finden will, wird mich schon
finden." Meine Antwort ist dazu: „Stimmt. Allerdings wird Sie dann

nur derjenige finden, der Sie bereits kennt! Damit entgehen Ihrem Unternehmen eine Vielzahl potentieller Neu-Kunden und unglaublich viele Chancen, die eigenen Produkte und Leistungen optimal einer breiten Masse zu präsentieren."

Wussten Sie, dass

‣ 40% der Online-Käufe mit einer Suchanfrage beginnen?
‣ 50% der Suchanfragen kommerzieller Natur sind?
‣ 60% der Suchanfragen auf Produkte/Dienstleistungen abzielen?
‣ 90% der Käufer das Internet zur Kaufentscheidung nutzen?

Das klingt nach einer ganzen Menge möglicher Käufer! Und so ist es wenig verwunderlich, dass eines alle professionellen Website-Betreiber gemein haben: Sie wollen möglichst viele „Suchende" auf ihre Webseite locken.

Ich denke, dass wir bis hierher auf einem Nenner sind: Wer Produkte oder Leistungen verkaufen will, braucht Kunden. Wer Kunden haben will, braucht eine Website, die von Interessenten besucht wird (im Fachjargon spricht man hier von „Traffic"). Die Frage ist, wie bekommen wir diesen Traffic auf unsere Website?

Zunächst gibt es zwei Arten von Traffic: Möglichst viel. Und möglichst qualitativ. Einige legen Wert auf die Quantität des Traffics und hoffen einfach, dass allein aufgrund der Vielzahl an Besuchern, der eine oder andere zu einem Kunden werden könnte.

Andere bevorzugen die Qualität des Traffics, denn sie wissen, dass selbst bei geringen Besucherzahlen die Kaufabschlüsse in die Höhe schnellen, solange die Interessenten optimal targetiert[1] sind.

In diesem Buch widmen wir uns vor allem dem qualitativen Traffic.

---

1. targetiert = zur Zielgruppe gehörend

Der Hauptgrund ist, dass „möglichst viele Besucher" für SEO nicht so günstig ist. Denn wenn wir mit zu weiten Begriffen in die Akquise gehen, dann wissen wir nicht genau, was unsere Besucher wirklich wollen.

Ein Beispiel: Werben wir als Webdesigner mit dem Begriff „Website erstellen", werden wir Besucher haben, die selbst eine Website erstellen wollen, die Baukästensysteme für Websites suchen – und ein kleiner Teil der Besucher wird auch eine Agentur suchen. Die Folge: Wir haben nun sehr viele Besucher. Aber die meisten Besucher kommen mit falschen (oder ungerichteten Erwartungen). Sie merken rasch, dass sie das Gesuchte nicht finden und verlassen die Seite sofort wieder. Dies bedeutet für unsere SEO, dass wir eine hohe „Absprungrate" haben, was unserem Ranking massiv schadet. Aber dazu später.

Wenn Sie die Strategien dieses Ratgebers befolgen, werden Sie also Kunden auf ihre Seite lenken, die genau Ihre Produkte suchen. Als jemand, der mehr als ein Jahrzehnt online gearbeitet hat, kann ich Ihnen sagen, dass es absolut sinnlos ist, Horden von zielgruppenfremden Besuchern einzutreiben. Es kommt nicht auf die Menge an, sondern allein, ob unsere Website die Erwartungen der Besucher erfüllt.

> An nur 200 Kaufinteressenten können Sie erheblich besser Ihre Produkte promoten, als an 2.000 Besuchern, die nicht an Ihrem Angebot interessiert sind.

Der eine oder andere Leser mag sagen, das sei doch gesunder Menschenverstand. Die überraschende Tatsache ist aber, dass viele Kollegen rund um die Uhr „Besucherstrom-Kampagnen" einrichten, die so weit gefasst sind, dass sie keine Chance haben, erfolgreich zu sein. WIR werden hingegen maßgeschneiderte Kampagnen entwikkeln, mit denen wir Besucher auf unsere Seite bringen, die vorsortiert und kaufbereit sind.

Die gute Nachricht ist: Das ist leichter, als Sie denken. Und in der Tat kostet es mittelfristig erheblich weniger Aufwand als eine auf Masse ausgerichtete Kampagne, die allein eine nette Besucherstatistiken hervorbringt.

Sind Sie startbereit? Dann los!

KAUDERWELSCH: SEO, SEA ODER SEM

Fangen wir ganz vorne an: Was bedeutet eigentlich Suchmaschinenoptimierung? Bereits hier besteht in der Praxis viel Verwirrung: Hier werden Anzeigen (mit Vorliebe „Google AdWords") mit SEO verwechselt, dort hört man SEA oder SEM. Keiner weiß so richtig, was all diese Kürzel bedeuten. Nach diesem Kapitel werden Sie wissen, wann Sie welche Maßnahme im Online-Marketing nutzen sollten und wo sich die Suchmaschinenoptimierung im Gesamtmix klugerweise einbetten lässt.

Zunächst ist das Wort Suchmaschinenoptimierung auf dem ersten Blick irreführend, schließlich soll nicht die Suchmaschine optimiert werden. Vielmehr ist das Ziel der Suchmaschinenoptimierung die bestmögliche Platzierung der eigenen Website innerhalb der Suchergebnisse der Suchmaschinen. Richtiger wäre daher der Begriff „Optimierung einer Website für die Suchergebnisse". Egal, der Begriff SEO ist etabliert und wird in diesem Buch verwendet. Hinter SEO versteht man also eine Technik, um einen Internetauftritt derart zu optimieren, dass eine bestmögliche Platzierung in den Such-ergebnissen der Suchdienste (z. B. Google) erreicht werden kann. So wird eine Website technisch für die Suchmaschinen erfassbar gemacht, inhaltlich durch präzise Inhalte und eine gute Strukturierung verbessert und darüber hinaus möglichst breit im World Wide Web beworben.

> Ziel aller Bemühungen ist, die Auffindbarkeit der Website zu steigern. Profit Awareness schreibt dazu (frei übersetzt):"SEO ist wie das Balzverhalten eines Mannes auf der Suche nach der passenden Frau. Dabei entspricht die Website dem ambitionier-ten Mann, der zunächst möglichst viele attraktive Frauen treffen möchte. Web-Benutzer sind wie leicht zu beeindruckende Frau-en, die aber schlechte Erfahrungen mit Männern sammelten. Google ist wie deren Eltern. Die Nutzung der Suchmaschine ist also das Aussuchen von Verehrern für eine Gesellschaftsparty."

Anders ausgedrückt: Möchte der Mann eine Frau kennenlernen, muss er zunächst unters Volk, indem er zum Beispiel eine Party besucht. Man muss sich „zeigen", um die Chance zu erhöhen, gesehen zu werden. Wer im Internet gefunden werden möchte, muss seine Website sichtbar machen. Die Website ist quasi unsere Party. Trifft man nun einen möglichen Partner, gilt es, sich von der besten Seite zu zeigen: Man sollte seine einzigartigen Eigenschaften herausstellen (Keywords), eine gute Familiengeschichte vorweisen (Domainalter), womöglich steht man im Mittelpunkt der Gespräche (viele Backlinks), sogar ein Prominenter redet gut über einen (gute Backlinks), zumindest sollte jeder Gast positive Dinge über den Gastgeber zu sagen haben (Social Media) und man sollte sich so anziehen, dass man zumindest die Eltern des/der Angebeteten nicht verschreckt (Webmaster Richtlinien befolgen).

Etwas professioneller ausgedrückt stehen hinter SEO folgende Ziele:

‣ Verbesserte Positionierung im Ranking
‣ Steigerung der Besucherzahl
‣ Steigerung des Umsatzes und Erhöhung der Effizienz

Wo steht die Suchmaschinenoptimierung im Marketingmix?

Die Suchmaschinenoptimierung ist ein zentraler Baustein des On-line-Marketings. Dabei umfasst das Online-Marketing sämtliche Maßnahmen, die über „Online-Medien" umgesetzt werden. Dazu zählt das Internet- und E-Mail-Marketing. Das „Internet Marketing" umfasst das Suchmaschinen- und Social Media-Marketing. Und im Rahmen des Suchmaschinenmarketings sind die Suchmaschinen-werbung (SEA) und -optimierung (SEO) voneinander zu unterschei-den. Die Grenzen zwischen den Disziplinen sind fließend. Beispiels-weise sind Werbeplatzierungen in den Suchergebnissen ein Teil der SEA. Puh. Ganz schön verwirrend. Aber mit folgender Grafik sollten die Zusammenhänge klarer werden:

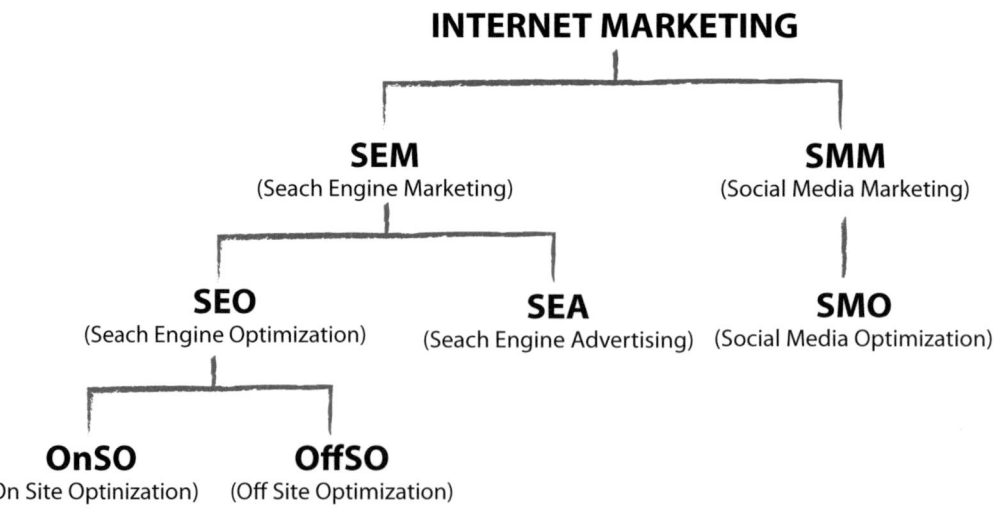

Wichtig ist für uns an dieser Stelle nur, dass SEO ein Teil des Suchmaschinenmarketings (SEM) ist, welches seinerseits zum Internet-Marketing gehört. Zur Suchmaschinenoptimierung selbst gehören nun sämtliche Maßnahmen, die eine gute Auffindbarkeit in den Suchergebnissen (SERPs) der Suchmaschinen unterstützen. Diese Maßnahmen können direkt auf unserer Website (On Site / OnPage) oder außerhalb unserer eigenen Website (Off Site / OffPage) erfolgen. Glücklicherweise ist dieses Buch nach genau nach diesem Prinzip gegliedert. Wir werden zuerst die „On Site" (bzw. OnPage-Techniken) und anschließend die „Off Site" (bzw. OffPage-Techniken) lernen.

Eine wichtige Unterscheidung ist abschließend zwischen Suchmaschinenoptimierung (SEO) und Suchmaschinenwerbung (SEA) vorzunehmen. Diese benachbarten Disziplinen verfolgen beide das Ziel, das Angebot einer Webseite möglichst prominent in den Suchergebnissen zu platzieren. Während eine Website im SEA über bezahlte Anzeigen (Paid Listings bzw. Sponsored Listings) in den Suchergebnissen platziert wird, wird per SEO der Inhalt einer Website für den natürlichen Index der Suchmaschinen aufbereitet. Im professionellen Alltag gehen beide Maßnahmen Hand in Hand, und zwar in folgender Weise ...

GRUNDPRINZIP DER SUCH-MASCHINENWERBUNG (SEA)

·····················

Begibt sich ein Internetnutzer auf die Suche im Internet, hat er in den meisten Fällen einen Informations- oder gar Kaufwunsch. Durch

Werbung in den Ergebnislisten der Suchmaschine bekomme ich nun die Möglichkeit, meine Werbeanzeige zielgerichtet auf die Suchanfrage der Nutzer abzustimmen. Dazu werden Keywords (Schlüsselbegriffe) bei der Suchmaschine gebucht. Sucht ein Nutzer nach den von mir gebuchten Keywords, erscheint neben oder oberhalb der Suchergebnisse meine geschaltete Werbeanzeige.

Hinweis: Die Anzeigenplazierung und -darstellung ändert sich von Zeit zu Zeit. Während ich diese Zeilen schreibe, gibt es z.B. keine Seitenleiste in den Suchergebnissen von Google.

a | Wesentliche Vorteile der Suchmaschinenwerbung

Der wesentliche Vorteil der Suchmaschinenwerbung ist, dass gekaufte Anzeigen genau passend zur Suchanfrage eingeblendet werden. Dazu ist die Einblendung selbst kostenlos. Erst wenn ein Nutzer auf die Anzeige klickt, wird dem Werbekunden ein „Klickpreis" berechnet. Je nach Themengebiet können dies je Klick wenige Cent bis zu mehreren Euro sein. In Deutschland gibt es verschiedene relevante Netzwerke, in denen Anzeigen geschaltet werden können: vor allem Google, Bing und Yahoo! Search Marketing sowie Soziale Netzwerke wie Facebook. Das Budget einer Kampagne richtet sich nach verschiedensten Faktoren: Qualität der Schlüsselbegriffe, Userverhalten, Keyword-Quantität, etc. Ein monatliches Einstiegsbudget liegt in der Regel zwischen 500 und 1.500 EUR. Eine Kampagne mit qualitativ hochwertigen Suchbegriffen kann rasch auf 5.000, 10.000 EUR oder auch 50.000 EUR monatlich wachsen.

Das Budget kann jederzeit nach oben oder unten korrigiert werden. Selbstverständlich sollte vor Schaltung ein optimaler CPC-Wert (Cost per Click) in Abhängigkeit zur Anzeigeposition ermittelt werden, sodass die Keywords im Einklang mit dem Tagesbudget stehen.

Ein weiterer Vorteil ist, dass Suchmaschinenwerbung schnell umsetzbar ist. So können aktuelle Angebote gezielt beworben oder spontane Werbeaktionen realisiert werden. Außerdem kann man auf aktuelle Ereignisse reagieren. Mit Suchmaschinenwerbung können Webseiten auch für Suchbegriffe prominent platziert werden, bei denen die Webseite sonst nicht in den Ergebnissen der Suchanfragen gelistet wäre. Da man jederzeit Einfluss auf Suchbegriffe, Umfang, Zeitraum und Region der Schaltung nehmen kann, besteht zudem eine gute Steuer- und Kontrollierbarkeit der Kampagne.

Ein weiterer Pluspunkt ist die Relevanz: Die Anzeige erscheint nur dann, wenn potenzielle Kunden nach einem Angebot suchen. Sind Schlüsselbegriff, Suchanzeige und Zielseite sauber aufeinander abgestimmt, stehen die Chancen gut, dass aus dem Suchenden ein Neukunde wird. In Kombination mit Analysetools wie Google Analytics oder Piwik ist Suchmaschinenwerbung umfassend mess- und kontrollierbar. Über gezieltes Controlling kann die gesamte Kampagne für die Zielgruppe nach Region, Interessen, Suchbegriffen, individualisierten Zielseiten adäquat konzipiert werden.

b | Wesentliche Nachteile der Suchmaschinenwerbung

Klingt alles toll, oder? Also warum sollten Sie dieses Buch trotz all der Vorteil von SEA weiterlesen? Nun, zunächst werden Suchergebnisse häufiger geklickt als bezahlte Werbung: Zwar gibt es keine gesicherten und durch seriöse Untersuchungen gestützten Zahlen, doch tendenziell ist man sich einig, dass die „natürlichen" Suchergebnisse um ein Vielfaches relevanter eingestuft werden als gekaufte Anzeigen. Übrigens versucht Google immer wieder, diesem Trend gegenzusteuern, indem z.B. die farbliche Hinterlegung der Werbeanzeigen angepasst oder entfernt wird und nur ein dezenter Hinweis „Anzeige" auf die Werbeschaltung hinweist. Hier sollen bezahlte Links mit natürlichen Ergebnissen optisch vermischt werden.

Das wichtigste Argument gegen langfristige Anzeigenkampagnen ist aber nicht deren Klickrate. Das Hauptargument gegen langfristige Bezahlkampagnen ist, dass Suchmaschinenwerbung nur so lange Erfolge bringt, wie das Goldsäcklein prall gefüllt ist. Soll heißen: Sobald ich kein Budget mehr zur Verfügung habe, verschwindet meine Website aus dem Blickfeld der Suchenden. Zudem kann eine Kampagne mit beliebten Suchbegriffen sehr kostspielig werden. Wer

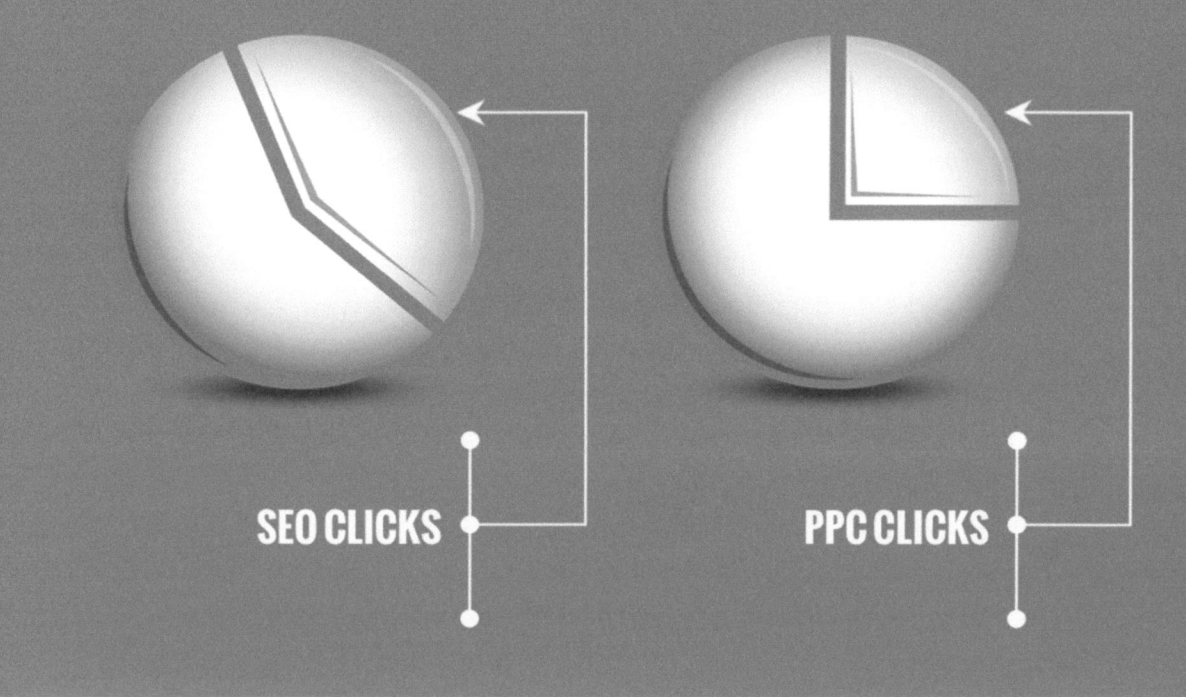

SEO CLICKS   **PPC CLICKS**

also keinen Goldesel im Keller stehen hat, der das Goldsäcklein täglich auffüllt, wird unter Umständen schon zum Frühstück sein Tagesbudget aufgebraucht haben. Da kann einem glatt das Brötchen im Halse stecken bleiben.

Außerdem sollte man Anzeigenkampagnen genau auf deren „potenziellen Erfolgschancen" überprüfen: Gerade bei preiswerten Produkten kann es vorkommen, dass die Werbekosten höher sind als die möglichen Einnahmen durch den erkauften Traffic. Als Faustregel kann man sich merken, dass 1-3 % der Klicks zu Kaufinteressenten führen, wovon 10-30 % dann tatsächlich kaufen.

> Beispiel: 1000 Leute klicken auf meine Anzeige. Wenn meine Anzeige 50 Cent pro Klick kostet, macht dies eine Werbeausgabe von 500 EUR. Von den 1000 Besuchern werden nun 1-3 % (also 10-30 Besucher) ein konkretes Kaufinteresse haben. Von diesen Kaufinteressenten werden dann 10-30 % (also 1-3 Besucher)

tatsächlich kaufen. FAZIT: Mein Produkt muss also mehr als 166 EUR (bei guten Verkaufsseiten) und 500 EUR (bei schlechten Verkaufsseiten) kosten, um Gewinn einzufahren.

Nun gibt es viele Tricks, mit denen man die Kosten pro Klick senken und die Verkaufsabschlüsse steigern kann. Aber dies wäre ein anderes Buch :-) Wir wollen ja SEO-Tricks lernen! Wichtig ist für uns die Erkenntnis, dass Werbung kurzfristig sehr erfolgreich sein kann, um ein Produkt auf dem Markt einzuführen. SEA kann aber keine langfristige Strategie sein, wenn man seinen Erfolg im Internet maximieren möchte.

GRUNDPRINZIP DER SUCHMASCHINENOPTIMIERUNG (SEO)

....

Begibt sich ein Internetnutzer auf die Suche nach einer Leistung oder einem Produkt, nutzt er in den meisten Fällen eine Suchmaschine. Entsprechend hoch ist das Potenzial einer Suchmaschine für ein modernes Unternehmen. Mittlerweile nutzt beinahe jeder Internetnutzer das Internet als maßgeblichen Meilenstein seiner Kaufentscheidung. Jede zweite Suchanfrage aller Suchanfragen hat einen kommerziellen Hintergrund, und weiterführend basiert beinahe die Hälfte aller Online-Käufe auf einer Suchanfrage. Der „recherchierende Internetnutzer" ist also eine äußerst kaufbereite Spezies. Prima! Doch was nützt uns dies, wenn dieser kaufbegierige Kunde unser Angebot nicht findet? Rund 70 % aller User beschränken ihre Suche auf die erste Ergebnisseite ihrer Suchanfrage. Es ist entsprechend wichtig, dass die eigene Website nicht nur gefunden, sondern auch möglichst rasch gefunden wird. Ziel jeder SEO-Kampagne ist folglich die Verbesserung der Platzierung in den Suchergebnissen (des sogenannten Rankings) in den gängigen Suchmaschinen. Traditionell wird bei der Suchmaschinenoptimierung eine einzelne Seite für einen relevanten Suchbegriff optimiert. Dazu wird zunächst das Marketingziel der Optimierung definiert (z.B. Verkauf des Buchs „SEO Guru"). Basierend auf diesem Ziel folgt die Entwicklung einer Keywordstrategie, d.h. die Bestimmung der relevanten Suchbegriffe (z.B. „Tipps zur Suchmaschinenoptimierung"). Aufbauend auf diesen Schlüsselbegriff wird die Website technisch und inhaltlich optimiert. Darüber hinaus werden Werbemaßnahmen „außerhalb" der Website ergriffen, die dem Link-Bildung dienen. Abschließend werden der Erfolg der Kampagne gemessen, mögliche Schwächen ermittelt und gegebenenfalls angepasste Strategien zur Optimierung erarbeitet.

Heute reicht die Optimierung einer (1) Seite längst nicht mehr aus. Wir müssen unsere Inhalte gezielt auf mehrere Seiten verteilen, und jede einzelne Unterseite gemäß der SEO-Strategie aufbereiten. Aber dazu später ...

Mittlerweile findet eine Suchmaschinenoptimierung nicht nur im Bereich von Webseiten statt. Auch PDF-Dateien, YouTube-Videos oder Verkaufsseiten auf Amazon können für Suchmaschinen aufbereitet werden. Für den akademischen Bereich unterstützen besondere Suchmaschinen wie Google Scholar und CiteSeer die Suche. Prinzipiell unterscheidet sich die SEO im akademischen Bereich aber (Academic Search Engine Optimization, ASEO genannt) nicht von der traditionellen Suchmaschinenoptimierung.

a | Wesentliche Vorteile der Suchmaschinenoptimierung

Professionelle SEO sorgt für eine langfristig gute Platzierung in den Suchergebnissen. Dies bedeutet, dass die eigenen Produkte und Leistungen losgelöst vom Budget dauerhaft in den Suchergebnissen verfügbar sind. Ein Beispiel: 2011 habe ich mein Buch „Design kalkulieren" beworben. Dabei habe ich die SEO-Tricks dieses Ratgebers für meine Webseiten, für Gastartikel auf anderen Blogs und für meine Buchbeschreibung auf Amazon angewendet.

> Das Resultat:
> Google Platz 1: Mein Produkt
> Google Platz 2: Meine Website
> Google Platz 3: Mein Produkt
> Google Platz 4: Meine Website
> Google Platz 5: Meine Website
> Google Platz 6: Meine Website
> Google Platz 7: Mein Produkt
> Google Platz 8: -
> Google Platz 9: -
> Google Platz 10: Mein Produkt

Fazit: Seit Jahren dominiert das Buch die Nische „Kalkulation von Designleistungen". Und was glauben Sie, wessen Produkt ein Interessent bei diesem Thema kaufen wird? Richtig: Der Suchende kann gar nicht anders, als meine Produkte zu kaufen, da das Gros der Interessenten nur meine Produkte findet! Und das Beste daran ist, dass diese „Werbung" absolut kostenlos ist und seit 2011 (!) die Top10 bei Google dominiert. Und damit haben wir die wichtigsten Gründe für professionelle SEO:

‣ SEO ist langfristig preiswerter als Anzeigenschaltungen.
‣ Richtiges SEO wirkt nachhaltig.

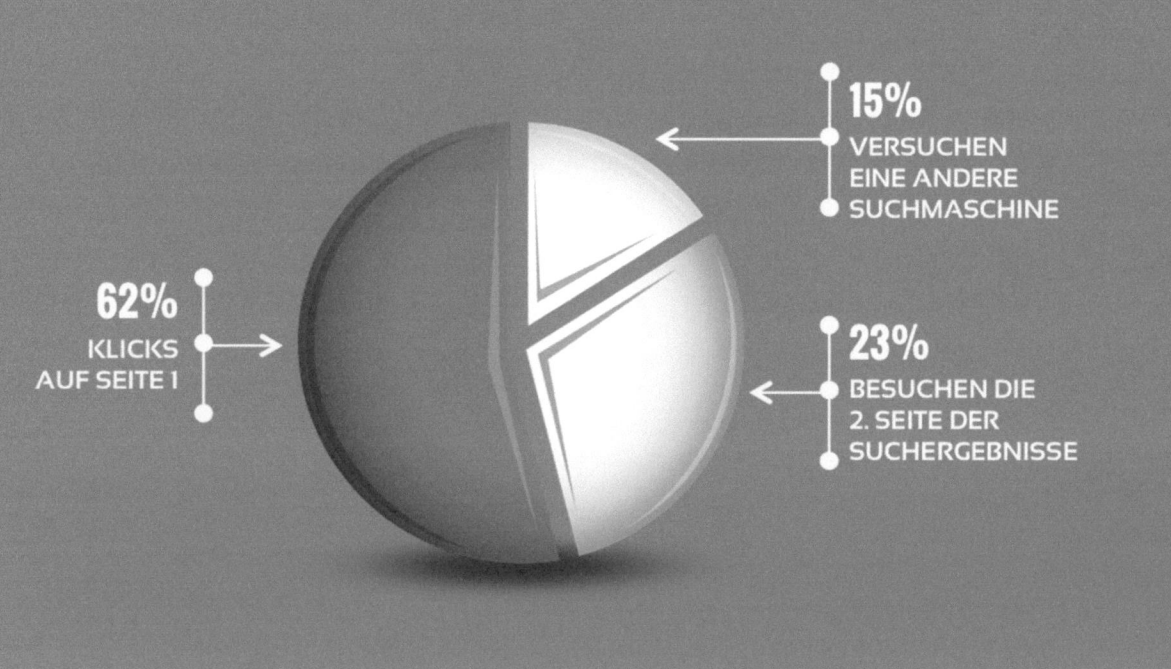

15%
VERSUCHEN
EINE ANDERE
SUCHMASCHINE

62%
KLICKS
AUF SEITE 1

23%
BESUCHEN DIE
2. SEITE DER
SUCHERGEBNISSE

b | Wesentliche Nachteile der Suchmaschinenoptimierung

SEO fällt leider nicht vom Himmel und kann man nicht kaufen (mal abgesehen davon, einen Experten einzukaufen). Dies bedeutet, wer Erfolg mit seiner Website haben möchte, muss ein wenig Fleiß investieren. Zudem wird man selten über Nacht mit seiner Website erfolgreich. Vielmehr muss man sich nach und nach eine Autorität aufbauen. Anders als SEA ist die Optimierung einer Website immer auf langfristigen Erfolg ausgerichtet. Nun gibt es eine Reihe von dubiosen Tricks („Black Hat SEO"), die einen schnellen Erfolg versprechen. Und sicherlich sind die Tricks für einen kurzfristigen Erfolg zu gebrauchen. Aber man sollte sich vor Auge halten, dass auf der anderen Seite des Tisches eines der größten Konzerne der Welt sitzt: Google. Und Googles Fachmänner mögen Black Hat SEO nicht. Um es direkt zu sagen: Wer eine Seite über Black Hat SEO kurzfristig auf die vorderen Plätze katapultiert, kann schon morgen abgestraft werden. Ich empfehle daher solide SEO-Techniken, bei denen man die Möglichkeiten der Websiteoptimierung im Rahmen der Google-Richtlinien optimal ausreizt.

SUCHMASCHINENOPTIMIERUNG VS. SUCHMASCHINENMARKETING

Hauptunterschied zwischen SEO und SEA ist weniger das Ziel (Akquisition neuer Kunden), sondern der Weg. Dabei haben beide Wege ihre Berechtigung: SEA-Kampagnen können innerhalb kürzester Zeit erstellt werden. Schon nach wenigen Minuten wird das Unternehmen in den Anzeigenflächen der Suchmaschine gelistet. Eine SEO-Kampagne ist hingegen auf einen längeren Zeitraum ausgelegt: Bis eine Website gute bis sehr gute Platzierungen in „natürlichen Suchergebnissen" erreicht, können Tage bis Wochen vergehen. Wie auch in der klassischen Werbung empfiehlt sich ein Mix beider Vorgehensweisen. Für die erste Phase der Markteinführung kann eine schnelle Listung über die Suchmaschinenwerbung erreicht werden. Langfristig ist es unabdingbar, die Suchergebnisse in den Suchmaschinen zu optimieren.

> Ziel einer Internet-Marketing-Strategie ist, eine Website in der Startphase über Werbeschaltungen (SEA) zu pushen und mittelfristig die SEA-Kampagne durch erfolgreiche SEO-Maßnahmen zu ersetzen.

> Sobald die Website in den Rankings etabliert ist, kann die Suchmaschinenwerbung zugunsten der Suchmaschinenoptimierung reduziert/ausgesetzt werden.

DIE SUCHMASCHINE

....

Möchte man eine Website für eine Suchmaschine optimieren, ist es wichtig, die grundsätzliche Funktionsweise einer Suchmaschine zu verstehen. Was genau ist die so oft genannte Suchmaschine? Vereinfacht gesagt ist die Suchmaschine ein Programm zur Recherche in Dokumenten. Gibt man in dem Programm ein Suchbegriff ein, durchsucht die Suchmaschine alle Dokumente der Quelle (beispielsweise des Computers) und liefert als Ergebnis eine Liste mit Verweisen auf alle Dokumente, die bestmöglich mit dem gewünschten Suchtext in Beziehung gebracht werden konnten. Dieses Prinzip funktioniert auf dem einzelnen Computer gut, ist aber aufgrund der Fülle von Daten im World Wide Web (WWW) nicht praktikabel. Um der Datenmenge im WWW Herr zu werden, werden verschiedene Techniken angewendet. Zunächst muss eine Website durch eine (manuelle) Anmeldung auf dem sogenannten URL-Server der Suchmaschine gespeichert werden. Nun wird zu jeder einzelne URL die IP-Adresse ausgewertet, damit sie mit den Servern der jeweiligen Websites in Verbindung gebracht werden können. Sind alle Daten zusammengetragen und mit den Servern der einzelnen Websites abgeglichen, wird von jeder einzelnen HTML-Seite eine vereinfachte Form erstellt und im Store-Server der Suchmaschine gespeichert. Dieser Store-Server hat jetzt die wichtige Aufgabe, alle enthaltenen Informationen aus den Seiten zu extrahieren und zurück an den URL-Server zu übermitteln, welcher den enthaltenen Text dem eigentlichen Such-Index hinzufügt. Tataa: Wir sind am Ziel! Endlich ist der Inhalt unserer Website im Such-Index der Suchmaschine gelandet. Dieser Index ist verständlicherweise das Herzstück der Suchmaschine. In diesem Index sind alle im Netz gefundenen Begriffe gesammelt. Und dies sind wirklich, wirklich viele! Doch trotz der unvorstellbaren Menge an Daten muss man sich vergegenwärtigen, dass nur jene Begriffe im Index enthalten sein können, welche zuvor eingetragen wurden. Folglich können nur bereits erfasste Begriffe „gefunden" werden!

CRAWLER, SPIDER UND ROBOTS

Im Rahmen von Suchmaschinen tauchen immer wieder die Begriffe Crawler, Spider oder Robots auf. Was sind dies für kleine Tierchen? Zunächst einmal machen all diese kleinen Hilfs-Programme im Grunde genau das Gleiche; sie heißen nur anders. Diese kleinen Programme helfen der Suchmaschine, möglichst viele Webseiten aufzurufen, zu analysieren und für die Weiterverarbeitung einzulesen (zu indexieren). Da Webseiten, die sich nicht im Index einer Suchmaschine befinden, auch nicht als Treffer ausgegeben werden können, ist das Sammeln, Erfassen und Aktualisieren von Webseiten eine der Hauptaufgaben einer Suchmaschine. Logisch. Die Fleißarbeit beim Zusammentragen der Daten erledigen die Crawler. Bei den Einzelmaßnahmen der SEO werden wir sehen, dass es eine wichtige Aufgabe sein wird, es diesen Helfern der Suchmaschine so einfach wie möglich zu machen, unsere Seite richtig zu „lesen" und zu „erfassen". Denn Crawler sind zwar den ganzen Tag fleißig unterwegs, haben aber keine große Lust, sich lange mit einer Website auseinanderzusetzen. Serviert man ihnen Inhalte nicht auf dem Silbertablett, werden sie unverrichteter Dinge zur Konkurrenz weiterziehen ...

GOOGLE

....

Zwar beginnt die Geschichte der Suchmaschinenoptimierung eigentlich zu Beginn der 90er Jahre, als das Internet durch Netscape (1993) und dem Internet Explorer (1994) Verbreitung beim Endverbraucher fand. Der wesentliche Meilenstein in der Suchmaschinenoptimierung ist allerdings 1998: die Gründung der Suchmaschine „Google". Google nimmt heute die zentrale Rolle in der SEO ein, da sie die bedeutendste Suchmaschine ist und ein wesentlicher Teil aller Suchanfragen über sie abgewickelt werden.

Seit 1998 wächst die Bedeutung der Suchmaschine stetig und mit ihr die Notwendigkeit, die eigene Website für die Anforderungen dieses Suchdienstes zu optimieren. In den Jahren 2001/2002 erhält ein weiterer Baustein des Marketings Einzug in den Geschäftsalltag: Das erste Mal werden Links für Geld gehandelt. Vorreiter ist auch hier Google mit dem Werbedienst „AdWords". Fünf Jahre später gibt es dann die nächste wichtige Neuerung: Seit 2006 können nicht nur Texte, sondern auch Videos und Bilder platziert und gesucht werden. Unter dem Stichwort Caffeine hat Google 2010 die größte Überarbeitung der Infrastruktur durchgeführt. Ziel der größten Suchmaschine ist natürlich die Verbesserung der Suchergebnisse. Nach eigenen Angaben wollte Google für bessere Markttransparenz um ein Vielfaches mehr Inhalte indexieren. Das Update hatte ganz gut funktioniert. Nur war das rasante Wachstum des Marktes sogar für Google zu viel. Entgegen aller Bestrebungen gelangte durch die neue Technik jede Menge „Überflüssiges" in den Index, was die Qualität der Suchergebnisse drastisch verschlechterte.

Kurz: Google stand vor dem Problem, dass man auf eine Vielzahl von Suchanfragen nur sinnfreie Foren-Diskussionen fand. So waren die Suchergebnisse voll mit Beiträgen wie: „Was für eine doofe Frage", „Kannst du nicht mal die Suche im Forum benutzen" oder „Nutzer XY ist doof, was meint ihr?"

Solche Suchergebnisse sind selbstverständlich für jede Suchmaschine eine Katastrophe. Immerhin soll eine Suchmaschine hochwertige Suchergebnisse liefern! Die logische Konsequenz war eine „bewusste Filterung" des Index nach dem Kriterium „qualitativ hochwertigen" Inhalts. Genau diese Strategie verfolgt Google – bis heute, wobei die Messlatte immer höher gelegt wird.

> Google selbst schreibt: „We encourage you to keep questions like the ones above in mind as you focus on developing high-quality content rather than trying to optimize for any particular Google algorithm."

Wie genau funktioniert nun die aktuelle Architektur der Suchmaschine Google? Das ist natürlich ein Geheimnis. Aber die Variablen sind begrenzt: Google könnte den Anteil der Marken-Suchen heranziehen, Google könnte die Qualität von Texten bewerten oder einfach eine Reduzierung von indexierten Seiten vornehmen, Google könnte die Webrelevanz und die Social-Media-Signale berücksichtigen und den Umfang der themenbezogenen Artikel einer Website analysieren.

Vermutlich macht Google all dies zusammen und Gewichtet die Bausteine nur unterschiedlich. Zudem kommen technisch gut messbare Faktoren wie Verweildauer des Besuchers auf einer Website, Anzahl der Pageviews pro Nutzer und Bounce- oder Absprungrate. Dies scheint logisch. Denn wenn sich Besucher länger auf einer Website aufhalten, sich durch weitere Unterseiten klicken, scheint diese Website auch bessere Inhalte zu bieten. Aber dazu später mehr ...

Amit Shagal, Leiter des Ranking-Teams von Google, hat auf google-webmastercentral.com die von seinem Kollegen entwickelten Fragen veröffentlicht, die zur Beurteilung einer guten Website herangezogen werden. Ich empfehle diesen Fragenkatalog als Einstimmung einmal gewissenhaft durchzulesen, bevor wir uns der Optimierung Ihrer Website widmen.

▸ Würdest du den Informationen in diesem Artikel vertrauen?
▸ Wurde dieser Artikel von einem Experten geschrieben, der sich wirklich mit dem Thema auskennt?
▸ Gibt es auf der Website Artikel mit gleichem oder ähnlichem Inhalt, der lediglich für etwas andere Keywords optimiert ist?
▸ Würdest du dieser Webseite deine Kreditkarteninformationen anvertrauen?
▸ Weist dieser Artikel stilistische, grammatikalische oder Fehler in der Rechtschreibung auf?
▸ Richten sich die Artikel dieser Website nach den Interessen der Leser oder dienen sie offenkundig nur dazu, in Suchmaschinen gefunden zu werden?
▸ Beinhaltet dieser Artikel neue Informationen oder eine einzigartige Betrachtungsweise des Themas?
▸ Verfügt diese Webseite im Vergleich zu ähnlichen Seiten über einen wirklichen Mehrwert?
▸ Findet eine regelmäßige Kontrolle der Inhalte statt?
▸ Beschreibt der Artikel unterschiedliche Sichtweisen des Themas?
▸ Ist diese Webseite in ihrem Bereich eine anerkannte Autorität?
▸ Wurde die Erstellung des Contents in Auftrag gegeben oder werden die Inhalte auf anderen Seiten des Betreibers publiziert?

- Wurde dieser Artikel professionell geschrieben oder eher auf die Schnelle veröffentlicht?
- Würdest du deine Gesundheit betreffende Informationen dieser Webseite vertrauen?
- Würde dir diese Webseite wieder einfallen, wenn lediglich der Name genannt wird?
- Behandelt der Artikel alle Sichtweisen der Thematik?
- Beinhaltet dieser Artikel weiterführende Gedanken oder tiefgreifende Analysen?
- Ist dieses eine Webseite, die du bookmarken oder deinen Freunden weiterempfehlen würdest?
- Beinhaltet dieser Artikel so viel Werbung, dass diese vom Lesen des Artikels ablenkt?
- Könntest du dir vorstellen, dass dieser Artikel auch in einem Magazin oder Buch veröffentlicht wird?
- Sind die Artikel dieser Webseite zu kurz, zu oberflächlich oder einfach nicht hilfreich?
- Ist die Webseite mit großer Sorgfalt gestaltet oder hätten die Besucher etwas zu beanstanden, wenn sie die Seite sehen?

Natürlich garantiert dieser Katalog keine Top-Platzierung in Google. Dennoch gibt er einen Einblick in die Dinge, die Google für wichtig erachtet. Dabei gleicht der Grundgedanke jeder anderen Suchmaschine: Der Algorithmus soll dem „menschlichen" Befinden nachempfunden werden. Im Falle Googles wird dazu das Verhalten der Google Chrome-Benutzer ausgewertet und mit den errechneten Ergebnissen verglichen. Blockieren Benutzer unerwünschte Ergebnisse, wird dieses Verhalten mit der „errechneten" Bewertung verglichen. Nach Auskunft Googles entsprechen die errechneten Ergebnisse weitestgehend den „menschlichen" Bedürfnissen.

Kritisch ist anzumerken, dass hier eine Zensur des Internets stattfindet. Ein Suchalgorithmus entscheidet, was „wertig genug ist", um in den Index der Suchmaschine aufgenommen zu werden. Wie leicht kann aber dann eine Seite mit gutem Inhalt und schlechterer Aufmachung durch Google blockiert werden?

Im Rahmen dieser Kritik ist der „Plus One Button" von Google zu erwähnen. Mit diesem Button kann der Besucher eine Seite positiv bewerten, aber auch unerwünschte Ergebnisse blockieren. Über dieses Voting nimmt der Faktor „Mensch" Einfluss auf das Suchergebnis, was grundsätzlich erfreulich ist.

Aber hier stellt sich eine andere Frage: Wie leicht lassen sich diese Ergebnisse manipulieren? Was ist, wenn eine Personengruppe Webseiten mit anderen Meinungen abstuft?

Grundsätzlich bleibt festzuhalten, dass Seiten mit erkennbarem Mehrwert grundsätzlich von Google höher eingestuft werden. Problematisch ist, dass die oben erwähnte Fragenliste gut zu Magazinseiten passt, deren Beiträge professionell von einer Redaktion erstellt wurden. Aber wo bleiben die Hobby-Blogger, die ihre Texte nicht so professionell schreiben können? Muss jeder ein Fachmann sein und als solcher schreiben können, um einen Blog zu ranken? Und wo bleiben die ebenfalls wichtigen Verzeichnisse, Review-Plattformen oder Preisvergleiche?

Diese Fragen werden wir hier nicht beantworten können. Wichtig ist für uns allein die Erkenntnis, dass Google mehr denn je Inhalte liebt. Das Spannende ist, dass Google mittlerweile „intelligent" die Inhalte unserer Websites analysiert (Latent Symantic Indexing, LSI). Google prüft also nicht nur unsere Keywords, sondern schaut, was „zwischen den Zeilen" steht.

Ein Beispiel: Eine Website behandelt Themen wie „Bing", „Word" und „Excel". Als Folge wird Google diese Seite für das Keyword „Microsoft" ranken, selbst wenn wir das Wort „Microsoft" nicht auf der Website bewerben. Google erkennt also, dass die oben genannten Begriffe in die Themengruppe „Microsoft" gehören und reagiert entsprechend mit der Einstufung der Website. Wir sehen also: Wir müssen konkreter und besser durchdacht die Inhalte unserer Website strukturieren.

Im Lichte dieser Entwicklung werden komplexe Suchphrasen immer wichtiger. Durch Googles LSI soll das „intuitive Surfen" unterstützt werden. Google versucht zu erahnen, was der Suchende sucht. So ist es Google möglich, die Wörter „Bank" und „Bank" zu unterscheiden, wenn ich einmal nach „Bank Geldanlage" und einmal nach „Bank Holzfarbe" suche. Im Umkehrschluss bedeutet dies für uns, dass wir als Anbieter einer Holzbank „semantische" Begriffe (also Schlüsselbegriffe, die zur Themengruppe passen) in unsere Texte einbauen sollten. In diesem Beispiel also Wörter wie „Holz" oder „Farbe". Aber all dies erkläre ich später noch ausführlich.

ONPAGE- UND OFFPAGE-OPTIMIERUNG

....

Die wohl größten Herausforderungen einer Suchmaschine sind es, ihren Index aktuell zu halten und sinnvolle Ranking-Kriterien innerhalb des Verzeichnisses festzulegen. Jede Suchmaschine verwendet dabei eigene Methoden, nach denen die Ergebnisse gelistet und bewertet werden. Dieser Algorithmus besteht aus hunderten von Einzelkriterien, welche über die Position einer Webseite innerhalb der Ergebnisse einer Suchanfrage entscheiden. Die Kriterien für das Ranking werden ständig erweitert. Prinzipiell gilt aber: Je wichtiger eine Seite der Suchmaschine erscheint, desto besser ist die Position, die diese Webseite in den Suchergebnissen erhält. Um die Relevanz einer Website zu erhöhen, wird eine Webseite auf zweierlei Weisen für die Suchmaschinen aufbereitet: OnPage und OffPage (auch „On Site" und „Off Site" genannt).

Die klassische Optimierung einer Webseite findet „auf der Webseite" (OnPage) statt. Mit OnPage-Optimierung werden alle Techniken bezeichnet, die am Inhalt und der Struktur einer Website durchgeführt werden. Alle Maßnahmen dienen dazu, es der Suchmaschine so einfach wie möglich zu machen, die Inhalte der Website richtig einzuschätzen. Wichtige OnPage-Faktoren sind natürlich der Inhalt der Webseiten, aber ebenso die Struktur und der Aufbau der einzelnen Webseiten untereinander. Insgesamt bilden über 100 Faktoren die Grundlage für das Ranking einer Website. Zum Beispiel werden Seitentitel, Beschreibungen, Überschriften und zahlreiche weitere Aspekte ausgewertet, um zu erfassen, worum es auf der Website schwerpunktmäßig geht.

Bei der OffPage-Betrachtung wird das „Umfeld der Website" ausgewertet. Entscheidende Faktoren für die Einstufung einer Website sind beispielsweise die Anzahl und die Qualität anderer Websites, die auf die zu optimierende Seite verlinken. Je mehr qualitativ hochwertige Webseiten auf eine Website verweisen, desto wahrscheinlicher ist es für die Suchmaschine, dass diese Seite ebenfalls hochwertige Inhalte bereitstellt. Schlagwörter für diesen Bereich sind „Linkpopularität", „IP-Popularität" und „Backlinks". Der Linkaufbau, im Englischen „Link Building", ist der wesentliche Teil der

Optimierung „außerhalb" der eigenen Website. Vereinfacht gesagt ist der Grundgedanke, dass Seiten besser eingestuft werden, wenn viele Seiten auf diese verlinken. Es wird also angestrebt, von vielen Seiten einen Link auf die eigene Website zu bekommen. Diese Links werden mit relevanten Suchbegriffen versehen und kommen idealerweise von möglichst vielen unterschiedlichen IP-Adressen. Optimalerweise stammen die eingehenden Links von Websites, die zum eigenen Themenbereich gehören (vgl. LSI). Biete ich auf meiner Website Holzbänke an, ist ein Link von einem Baumarkt oder Holzfabrikant wertvoller als ein Link von einem IT-Webverzeichnis.

Entscheidend ist zudem, dass nicht jeder Link als „eine Stimme" bewertet wird. Ein Link von einer als „hochwertig" eingestuften Seite wiegt mehr als ein Link von einer „niedrig" eingestuften Seite. Die Wertigkeit einer Website ist also ein wichtiger Anhaltspunkt, nach dem die Suchergebnisse sortiert werden. In diesem Zusammenhang sei schon einmal angemerkt, dass viele „schlechte Links" eher schädlich als nützlich sind. Es ist also davon abzuraten, tonnenweise „billige Links" zu kaufen.

Aber woher weiß ich, ob ein Link von einer „guten" oder „schlechten" Seite kommt? Ein Anhaltspunkt für die Einschätzung des Werts einer Website war über Jahre der sogenannte „Page Rank". Der Page Rank definierte die Wertigkeit mittels der Anzahl und der Qualität der eingehenden Links. Leider wurde der Page Rank von Google abgeschafft. Aber viele Analyseanbieter haben eine eigene Alternative zur Ermittlung der Seitenautorität entwickkelt, so z.B. die „DA" (Domain Authority) von MOZ (https://moz.com/).

Problematisch ist beim Aufbau von Backlinks, dass eine Zusammenarbeit mit Top-Webseiten oftmals nicht im Tausch funktioniert, sondern nur über einen Link-Kauf erfolgen kann. Und ein Link-Kauf kann seinerseits sehr kostspielig werden. Top-Optimierer verlangen für eine exklusive Linkvergabe fünf- bis sechsstellige Monats-Budgets. Dieses Problem trifft jedoch auch die Mitbewerber, was wiederum zu einer Chancengleichheit unter den 99 % der Websitebetreiber ohne Goldsäcklein führt. Bei der Betrachtung der Kosten sind schwierige Suchbegriffe wie beispielsweise „Krankenversicherung", „Aktienfonds", „Last Minute" etc. ausgenommen, da diese mit Kosten von mehreren hunderttausend Euro verbunden sein können. Die Honorarbetrachtung bezieht sich also auf gängige Begriffe im normalen Schwierigkeitsbereich.

Aber keine Sorge: Man bekommt sehr gute Links für Top-Platzierungen – auch ohne Geld. Man muss nur wissen, worauf zu achten ist. Dazu dann mehr im Kapitel OffPage.

Okay, ich hoffe, dass ich einen kleinen ersten Eindruck von der Welt der Suchmaschinenoptimierung geben konnte. Wer das eine oder andere nicht ganz verstanden hat, braucht deshalb nicht das Buch entnervt beiseite zu legen. Wir gehen nun Schritt für Schritt alle Aspekte der Suchmaschinenoptimierung durch.

Stellen wir uns also tapfer den Herausforderungen und beginnen mit der eigentlichen Arbeit „auf der Website", der OnPage-Optimierung ...

OnPage SEO

Unser Ziel ist es, jede einzelne Seite unserer Website so zu präparieren, dass sie möglichst weit oben gelistet wird – und dann in Hülle und Fülle qualifizierten Traffic produziert. Das Beste an zielgerichtetem Traffic ist nicht nur, dass der Besucherstrom kostenlos ist, sondern auch, dass diese Besucher die perfekte Zielgruppe für unsere Website sind, denn sie suchen bereits nach unserem Angebot.

ALLGEMEINE ONPAGE SEO

Ein gutes Ranking allein ist nicht der wichtigste Aspekt der Suchmaschinenoptimierung. Wichtig ist vielmehr, dass Sie bei relevanten Keywords zu Ihrem Angebot auf Top-Positionen erscheinen.

Zur Verdeutlichung ein Beispiel: Wenn Ihre Seite mit der Suchphrase „Hund kaufen" an erster Stelle erscheint, aber „Hundefutter" anbietet, dann ist es unwahrscheinlich, dass Ihre Besucher Ihr Produkt kaufen. Da der Suchende noch gar keinen Hund besitzt (er möchte ja erst einen kaufen), wird er die Website rasch verlassen. Immer wenn der Besucher eine Website schnell verlässt, spricht man von einer hohen „Absprungrate". Dies ist ein wichtiger SEO-Faktor. Wir müssen versuchen, die Absprungrate möglichst gering zu halten.

Ursache für dieses Problem ist ein einfacher Denkfehler. Viele SEO-Neulinge glauben, dass Viel auch viel nützt. Und so stopfen sie ihre Webseiten mit unzähligen Keywords voll, ohne zu überlegen, welche Suchbegriffe potenzielle Käufer tatsächlich in die Suchmaschinen eingeben, wenn sie ein bestimmtes Produkt oder einen Service suchen. Anstatt eine maßgeschneiderte Kampagne zu erstellen, wird einfach jedes Keyword beworben, das irgendwie mit dem Thema zutun haben könnte. Tatsächlich ist die Wahrscheinlichkeit hoch, dass viele Mitbewerber genau dies gerade tun.

Wenn Sie z.B. auf Google Ihr Keyword eingeben, werden Sie unter den Top-Treffern sicher zur Suchanfrage passende Websites finden. Aber schauen Sie mal auf Seite 10 oder 20. Hier werden Sie viele Websites finden, deren Angebote gar nicht zur Suchanfrage passen. Hmm. Warum wohl? Weil Google weiss, dass hier keine Top-Seiten für die jeweilige Suchanfrage vorliegt. Und dies ist unsere Chance!

Um Ihre Website für hohe Platzierungen zu optimieren, müssen Sie im ersten Schritt die relevanten Keywords identifizieren, die Ihr Produkt oder Ihre Leistung bestmöglich beschreiben. Die Frage ist dabei nicht, was Ihnen gefällt, sondern wonach Ihre Kunden suchen

Denken Sie immer daran: Google ist kein Marktplatz, sondern eine Suchmaschine. Wir müssen „Antworten" auf eine Suchanfrage liefern. Je besser uns dies gelingt, desto besser werden unsere Seiten gelistet.

BEVOR Sie also beginnen, Textinhalte auf Ihrer Webseite einzufügen, benötigten Sie eine Liste mit Begriffen, die das Suchverhalten Ihrer Kunden möglichst genau treffen. Also bevor wir anfangen, eine Website zu bauen und Inhalte zu erstellen, müssen wir eine Keyword-Recherche starten ...

DIE KEYWORD-SUCHE

Viele denken, dass Keywords dann gut gewählt sind, wenn sie das Unternehmen oder Produkt bestmöglich beschreiben. Das ist leider nur die halbe Wahrheit! Gute Keywords sind Suchphrasen, nach denen potenzielle Auftraggeber wirklich suchen. Im Grunde wechseln wir die Perspektive und schlüpfen in die Rolle des Kunden. Die Frage lautet: Wonach suchen meine Kunden?

Aber wie finden wir heraus, was unsere Kunden suchen? Das ist leichter als gedacht. Wir starten mit einem Brainstorming. Dazu erstellen wir eine Liste mit Suchbegriffen, die nach unserem Verständnis am besten das Suchverhalten unserer Kunden widerspiegeln. Wollen wir beispielsweise Grafikleistungen verkaufen, könnte unsere Liste wie folgt aussehen:

‣ Signet
‣ Logo
‣ Firmendarstellung

Haben wir eine Liste von Keywords zusammengestellt, werden wir prüfen, inwiefern sich unsere Vorstellung mit der Realität deckt, sprich: nach welchen konkreten Wörtern unsere Kunden tatsächlich suchen.

> Um dies herauszufinden, nutzen wir den kostenlosen Google Keyword Planner: https://ads.google.com/home/

Mit diesem Tool können Sie nach passenden Schlagwörtern suchen. Sobald Sie den Keyword Planner aufgerufen haben, gehen Sie auf den ersten Punkt „Ideen für neue Keywords" und geben die von Ihnen erstellte „Brainstorming-Liste" ein. Angenommen wir sind ein

Grafikbüro, dann geben wir beispielsweise „Signet" als mögliches Keyword ein.

> TIPP: Es empfiehlt sich, die Suche in diesem Dialog gleich zu spezifizieren. Zielen wir zum Beispiel auf deutsche Kunden ab, wäre die Ausrichtung auf Deutschland sinnvoll, etc.

Sobald wir unsere Suche gestartet haben, bekommen wir eine Liste von relevanten Keywords von Google angeboten. Uns interessieren konkret die Keyword-Ideen von Google. Sie werden sehen, dass nach dem Suchbegriff „Signet" rund 400.000 Leute pro Monat googeln. Das Highlight des Tools ist aber, dass man nicht nur die „eigenen Begriffe" angezeigt bekommt, sondern auch relevante Alternativen. So liegen die Suchanfragen für den Begriff „Brand" bei 24.900.000 (wer hätte das gedacht) und für „Logo" bei über 55.000.000. Entsprechend klug ist es, eher den Begriff „Logo" statt „Signet" als Ausgangsbasis eines Beitrags zu nehmen.

Nun wird Logo in vielfacher Weise gesucht. Das beginnt bei Suchanfragen nach fertigen Logos, nach Markenlogos, kostenlosen Logos usw. Nun müssen wir das Suchfeld für unsere Bedürfnisse eingrenzen und entsprechend obiger Vorgehensweise nach inhaltlich passenden Schlagwortkombinationen recherchieren. Bieten wir die Erstellung von Logos an, würden wir uns statt allgemein auf das Wort „Logo" lieber auf die Wortkombination „Logo erstellen" konzentrieren, da wir jetzt Kunden anlocken, die genau unsere Leistung suchen.

Nehmen Sie sich für die Auswahl der richtigen Suchbegriffe Zeit. Denn gute Keywords sind das Fundament der SEO. Vertiefen wir deshalb das Thema Keywords ...

SCHLÜSSEL ZUM ERFOLG: KEYWORDS

„Keywords", „Schlüsselworte", „Suchbegriffe" beschreiben alle genau das Gleiche: Sie sind die Wörter, die der Suchende in die Suchmaschine eingibt. Was gerne vergessen wird ist, dass Keywords auch „Wortgruppen" sind. Und genau diese Phrasen sind der Schlüssel zum Erfolg. Denn nur wenn eine Webseite exakt für eine Suchanfrage optimiert ist, wird sie von Google als relevant eingestuft. Und je genauer wir die Suchanfrage kennen (also je mehr Wörter eine Suchanfrage spezifizieren), desto besser können wir unsere Inhalte auf die Suchanfrage abstimmen. Die Herausforderung ist, die „richtige" Suchphrase zu finden. Bei der Suche empfiehlt sich wie bereits erwähnt ein Wechsel des Blickwinkels: Was würde der Endverbraucher eingeben, wenn er nach meinem Produkt sucht? Was wird von Dritten mit meinem Produkt oder dem Firmeninhalt assoziiert? Ein gutes Keyword ist meist nicht ein spezifischer Fachbegriff, wie „Corporate Design" oder „Signet", sondern ein gebräuchlicheres Wort wie „Logo erstellen lassen". Der Weg zum richtigen Keyword beginnt mit der Suche nach themenrelevanten Keywords oder Wortkombinationen. Anschließend folgt eine Konkurrenzanalyse: Wie viele Seiten verwenden das gewünschte Keyword bereits? Je stärker die Konkurrenz ist, desto schwieriger wird es werden, eine neue Webseite weit oben zu listen. Sie werden schnell merken, dass einzelne Wörter hart umkämpft sind. Auch deshalb ist es klüger, sich auf Suchphrasen (Long Tail Keywords genannt) zu konzentrieren. Für unsere Kampagne wählen wir also nicht das Wort „Logo", sondern „Logo erstellen" oder noch besser „Logo erstellen lassen".

Google   wie wordpress installieren

wie wordpress **installieren**
wie wordpress **updaten**
wie wordpress **themes installieren**
wie **funktioniert** wordpress

Weitere Informationen

5 Minuten Installation | DokuPress – das **WordPress ...**
dokupress.de/**wordpress**.../**installation**/...**installation**/.../5-minut...
WordPress in 5 Minuten **installieren**. Bei den meisten Installationen
verhält sich **WordPress** derartig unkompliziert, daß der Vorgang vom
Download bis zum ...

WordPress | Deutschland
de.**wordpress**.org/
Laden Sie hier die aktuelle **WordPress**-Version in deutscher Sprache
herunter. ... Laden Sie das Paket herunter, **installieren** Sie es nach der
Anleitung in der ...
Sie haben diese Seite 4 Mal aufgerufen. Letzter Besuch: 16.03.13

Dadurch haben wir zwei entscheidende Vorteile gegenüber einem Einzelbegriff: Zum einen ist die Konkurrenz für eine Suchphrase entschieden geringer, sodass es viel leichter wird, eine Top-Position zu erreichen. Zum anderen haben wir unser Thema besser eingrenzt, sodass wir weitaus kaufwilligere Besucher für unsere Website gewinnen. In unserem Beispiel gibt es Millionen Treffer zum Begriff „Logo". Aber was sucht der Kunde wirklich? Vielleicht sucht er das Logo einer bestimmten Marke, was uns als Grafikbüro wenig nützt. Nehmen wir die Kombination „Logo erstellen", werden wir Besucher locken, die gegebenenfalls selbst ein Logo erstellen wollen. Auch diese Besucher bringen keine gute Konversionsrate. Wählen wir aber das Keyword „Logo erstellen lassen", wissen wir, dass hier potenzielle Kunden unsere Website aufrufen. Zudem konkurrieren wir nur noch mit einem Bruchteil der ursprünglichen Konkurrenz-Webseiten.

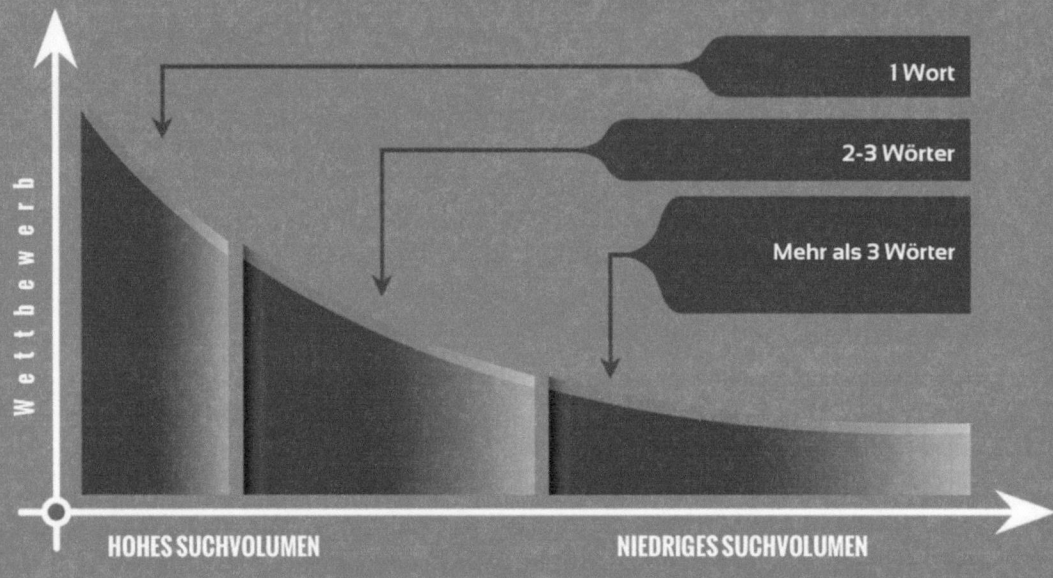

Unser Ziel ist überdies, uns nicht nur auf ein einzelnes Keyword zu konzentrieren. Wir streuen lieber das Risiko und optimieren unsere Seiten für mehrere Phrasen. Auf diese Weise haben wir zwar pro Keyword nicht allzuviele potenzielle Besucher, aber in der Summe ebensoviele (oder mehr) Besucher, die wir erreichen können. Und denken wir daran, dass es entschieden leichter wird, ein „wenig umkämpftes" Keyword in den TOP10 zu platzieren. Was nützt uns ein Wort mit 10 Millionen pro Monat Suchanfragen, wenn wir dazu unsere Seite nicht auf die vordersten Plätze bekommen? Nix! Also lieber eine Suchphrase mit 100 Anfragen pro Monat nehmen. Dies scheint auf zwar nicht so lukrativ. Aber wenn ich bei einem überaus umkämpften Keyword gegen die Konkurrenz nicht ankomme, erreiche ich mit all meiner Mühe am Ende vermutlich gar keinen Kunden. Hingegen hab ich im letzteren Fall die 100 Besucher so gut wie sicher.

Faustregel: Je konkreter wir unsere Seite positionieren, desto besser wird diese gefunden. So gibt es Millionen Treffer zum Suchbegriff „Werbeagentur". Wird die Auswahl um das Wort „Berlin" ergänzt, also „Werbeagentur Berlin", reduziert sich die Konkurrenz um ein Vielfaches. Kombinationen bieten sich unter folgenden Kriterien an:

1. Produkt- bzw. Leistungsgruppe

2. Produkt- bzw. Leistungsgruppe + Spezialisierung

3. Produkt- bzw. Leistungsgruppe + Spezialisierung + Region

Der Prozess der Keywordsuche zielt darauf ab, diejenige Wortkombination zu finden, die einerseits häufig gesucht, andererseits aber nicht so oft von der Konkurrenz verwendet wird. Am Ende dieses Prozesses sollte eine konkrete Auswahl von 1-3 Schlüsselbegriffen (bzw. Kombinationen) pro Seite stehen.

Eine Auflistung zu vieler, vor allem aber nicht dem Inhalt der Seite entsprechenden Keywords sollte dringend vermieden werden. Suchmaschinen werten dies als Manipulationsversuch, was eine Ranking-Abstrafung zur Folge haben könnte.

COMPETITION RESEARCH

....

Genaue Kenntnisse über Konkurrenten sind ein wesentlicher Bestandteil jeder SEO-Strategie. Um eine optimale Platzierung in den Suchergebnissen zu erzielen, ist es ratsam, die Konkurrenz im Auge zu behalten. Unter dem Schlagwort „Competition Research" stellen Suchmaschinen verschiedene Werkzeuge zur Verfügung, um Konkurrenz-URLs zu analysieren. So lassen sich folgende Informationen eruieren: Wie viele Webseiten konkurrieren um die Keywords, die festgelegt wurden? Welche Relevanz haben diese Keywords in Titel, Inhalt oder Anker-Texten in konkurrierenden Websites? Wie viele konkurrierende Websites sind im Google-Index enthalten? Wie viele eingehende und ausgehende Links enthalten die konkurrierenden Webseiten?

Einzelne Suchabfragen in der Competition Research sind:

Normale Suche:
Wie viele Seiten konkurrieren pro Suchbegriff mit meiner Website?

Phrase Match:
Wie viele Seiten konkurrieren pro Suchphrase mit meiner Website?

Allinanchor:
Welche Seiten enthalten die meisten Links für eine Abfrage?

Allintitle:
Welche Seiten enthalten die höchste Relevanz nach Titel sortiert?

Allintext:
Welche Seiten enthalten die relevantesten Inhalte?

Allinurl:
Welche Seiten enthalten Übereinstimmungen zwischen Suchbegriff und URL?

Eingehende Links:
Wie viele Seiten verlinken auf die Konkurrenz-Domains?

Ausgehende Links:
Auf wie viele Seiten verlinken die Konkurrenten?

Hier sind einige Richtlinien, die Ihnen helfen, die richtigen Keywords zu wählen, um Ihr Suchmaschinenziel zu treffen:

a | Suchvolumen

Natürlich möchte jeder auf Keyword-Phrasen abzielen, die häufig gesucht werden. Das Problem ist, dass solche Suchbegriffe einem hartem Wettbewerb ausgesetzt sind. Starten Sie zunächst mit weniger besetzten Keywords, sodass Sie Besucher auf Ihre Seite lenken. Sie können das Level dann Schritt für Schritt erhöhen. Sie können das Suchvolumen ermitteln, indem Sie das oben genannte „Keyword Planner Tool" von Google verwenden. Das Planner Tool versorgt Sie mit dem geschätzten Suchvolumen für jeden Suchbegriff.

b | Wettbewerb

Sie müssen eine Balance zwischen hohem Suchvolumen und niedriger Konkurrenzdichte in Bezug auf die jeweiligen Keywords finden. Wenn Sie Suchbegriffe entdecken, die mehr als 1.000 Suchanfragen pro Monat aufweisen, aber wenig Mitbewerber haben, dann können Sie sich glücklich schätzen. Machen Sie eine Liste mit solchen Keywords! Anschließend sollten Sie die Konkurrenzfähigkeit dieser Keywords messen. Prüfen Sie dazu die ersten 20 Suchergebnisse zu ihrer Suchphrase in Google. Schauen Sie, wie viele Resultate die genaue Keyword-Phrase im Titel, in der URL und im Beschreibungstext nutzen. Haben viele Top-Ergebnisse die Suchphrase 1:1 in diesen drei Elementen verbaut, können Sie davon ausgehen, dass der Markt sehr umkämpft ist. Prüfen Sie auch, wie hoch die Domain Autorität (MOZ) und Alexa Rank der Seiten ist. Je schlechter die Konkurrenz aufgestellt ist, desto leichter wird für Sie.

TOOL-Tipp: Auf der Website https://seo-marketing-guru.de/ seoupdates habe ich wichtige Tools für Ihre SEO-Arbeit zusammengefasst.

Ich nutze das kostenlose Tool Ubersuggest von Neil Patel um wichtige Informationen zu einzelnen Keywords zu erhalten. Vergleichen Sie die TOP-10 Websites, um ein Gefühl dafür zu bekommen, wie sich Ihre Website zu den Konkurrenzseiten verhält.

Zur Ermittlung der Konkurrenz gibt es auch das hervorragende Programm LongTailPro. Hier werden zu meinen Keywords automatisch alle wichtigen Konkurrenzseiten analysiert und mit einem Schwierigkeitswert von 1 bis 100 versehen.

Hat meine eigene Website beispielsweise einen Wert von 40, so kann ich ohne Probleme Keywords mit einem Wert zwischen 0 und 40 ranken. Alles darüber wird dann schwierig bis unmöglich. Hier müsste ich zunächst die Autorität meiner Website verbessern (zum Beispiel durch mehr oder bessere Inhalte, Backlinks, Signale aus dem Social Web, etc.), um dann auch Keywords mit einem höheren Schwierigkeitswert zu ranken.

Widmen wir uns der Autorität einer Website: Was bedeutet eigentlich Domain Autorität (DA)? Über die DA wird ein „Wert" für eine Webseite festgelegt. Dieser Wert basiert zum Beispiel auf dem Alter der Domain, der Anzahl von Besuchern, der Anzahl von Links von anderen Webseiten oder aus Kommentaren oder Social Diensten wie Facebook, Twitter & Co. Generell gilt, desto mehr Besucher, Back- und Social-Links Ihre Webseite vorweisen kann, desto höher wird die Autorität der Website eingestuft.

Die Autorität ist allerdings von vielen weiteren Faktoren abhängig, die Google unter Verschluss hält. Um Ihre Autorität besser einschätzen zu können, können Sie die kostenlose Google Toolbar SEOquake nutzen und die einzelnen Werte mit Ihren Konkurrenten vergleichen – oder etwas bequemer LongTailPro nutzen.

Noch einmal kurz zusammengefasst: Zunächst erstellen wir eine Liste relevanter Keywords. Diese überprüfen wir mit dem Keyword Planner hinsichtlich der Anzahl der Konkurrenten (Quantität). Im nächsten Schritt kontrollieren wir die Qualität der Konkurrenz.

c | Relevanz

Nicht alle Keywörter einer bestimmten Nische mögen relevant sein für Ihre Webseite. Idealerweise werden Sie auf solche Suchbegriffe zielen, welche den besten Bezug zu Ihrem Angebot haben. Falls Ihr Internetauftritt sehr eng auf ein bestimmtes Thema fokussiert, werden Sie sicherlich eine Menge Keywords von Ihrer Liste streichen müssen. Wenn Ihre Seite jedoch ein breiteres Spektrum hat, dann können Sie eine größere Themenauswahl anbieten. Das hängt von Ihrer Webseiten-Strategie ab.

d | Weit oder eng

Manche Keywords können zu allgemein in ihrer Bedeutung sein. Sie werden herausfinden, dass Leute, die solche Keywords verwenden, nicht leicht zu zahlenden Kunden werden. Um die Konversationsrate Ihrer Seite zu verbessern, müssen Sie sich daher auf spezifische Suchbegriffe konzentrieren.

Eine gute Hilfe bei der Recherche sind Googles Datenbanken „Suggest" und „Related Search". Die erste Datenbank zapfen Sie an, sobald Sie etwas in das Suchfeld von Google tippen. Hier schlägt Ihnen Goolge relevante Suchphrasen vor. Tippe ich „Logo a", bekomme ich beispielsweise vorgeschlagen „logo app, logo aufkleber, logo angebote, logo animation". Notieren Sie sich diese und wiederholen Sie den Vorgang mit dem Alphabet! Diese Suchphrasen sind genau die Phrasen, die auch Ihre Kunden in Google eintippen!

Sie können auch eine vorgeschlagene Suchphrase nehmen und damit das Spielchen wiederholen, so wird z.B. aus „Logo Angebote a" der Vorschlag „Logo Aufkleber Auto, Logo Aufkleber für Auto, Firmenaufkleber für Auto". Diese Suchphrasen können wir nun alle notieren und mit dem Keyword Planner auf Suchvolumen überprüfen.

Die zweite Datenbank umfasst die „Verwandten Suchanfragen". Suchen wir wieder nach „Logo erstellen lassen", finden wir unterhalb der Ergebnisliste vier bis zwölf verwandte Suchanfragen. Hier zum Beispiel:

logo erstellen lassen kostenlos
logo design free
logo design software
logo design kosten
logo designen lassen wettbewerb
logo design programm
logo design inspiration
logo erstellen programm

Auch diese Ergebnisse sind reale Suchanfragen der Nutzer. Notieren Sie sich wieder die relevanten Phrasen. Hier könnte z.B. „logo design kostenlos" der Ausgangspunkt einer neuen Recherche sein ...

Ich weiss, all dies klingt nach einem zeitaufwändigen Prozess, da Sie zuerst eine lange Liste mit Suchwörtern und Suchphrasen erstellen und dann die unpassenden Begriffe herausfiltern müssen. Aber es nützt nichts: Nur so werden Sie optimalen Erfolg erreichen und bald für all die Zeit und Mühen belohnt werden.

Ein professionelles Tool zum Aufspüren all dieser Keywords ist Clevergizmos Keywordresearcher (https://clevergizmos.com/). Es ist zwar kostenpflichtig, aber es versorgt Sie nicht nur mit Keywords, die Sie über Ihre Mitbewerber erheben, sondern kann Ihnen auch helfen, gering besetzte oder gar unbelegte Marktnischen zu finden und Sie zu neuen Produkten inspirieren.

> Alternativ bietet Google das Keyword Planner Tool: http://ad-words.google.com/keywordplanner

> Hier ist nur zu Bedenken, dass die Datenbank des Keyword Planners nicht die Datenbanken „Suggest" und „Related Search" umfasst. Der Planner bietet uns nur die Wörter an, die Google am besten verkaufen an – nicht die Suchphrasen, die Kunden wirklich in der Suchmaske eintragen.

e | Lokal oder global

Manchmal hilft es, wenn Sie im Voraus festlegen, ob Ihr Angebot ein weltweites Publikum oder nur Menschen einer bestimmten Region ansprechen soll.

Wenn Sie zum Beispiel einen Computer-Reparatur-Service in Frankfurt anbieten, dann ist es sinnvoll, Suchbegriffe wie "PC Reparatur in Frankfurt" oder "Computer Reparatur Rhein Main Gebiet" zu targetieren, statt einfach nur "Computer Reparatur". Dies hat den entscheidenden Vorteil, dass sich Ihre Konkurrenz augenblicklich dezimiert. Immerhin konkurrieren Sie jetzt nicht mehr mit der ganzen Welt.

f | Guru-Trick 1: Suggest / Related Search

Nutzen Sie zur Recherche immer auch die Datenbanken Google Suggest und Related Search. Wie dies im Detail geht, erkläre ich gleich.

Die meisten Konkurrenten nutzen allein den Keyword Planner zur Recherche. Hier können Sie einen echten Wettbewerbsvorteil erlangen. Denn Google nutzt für den Suchindex eine andere Datenbank als den Keyword Planner von AdWords.

Nun muss man sich einen Moment überlegen, warum Google diesen Keyword Planner kostenlos zur Verfügung stellt! Die Antwort ist einfach: Google möchte über Werbeanzeigen Geld verdienen. Entsprechend bekommt man über den Keyword Planner Vorschläge für die wichtigsten Keywords einer „Werbekampagne" geboten.

Die ganze Sache hat aber einen Haken: Google verdient das meiste Geld mit umkämpften Keywords. Je mehr Leute ein Keyword buchen, desto teurer werden die Pro-Klick-Raten. Dies verhält sich wie an der Börse: Je größer die Nachfrage, desto höher der Preis. Das wiederum bedeutet, dass Google uns im Rahmen der Anzeigenbuchungen am liebsten Keywords unterjubeln möchte, für die der Markt extrem umkämpft ist.

Doch während Google auf der einen Seite Geld verdienen möchte, muss Google auf der anderen Seite die Interessen der Suchenden bedienen. Denn eine Suchmaschine wird nur dann benutzt, wenn sie gute Suchergebnisse liefert. Und Suchergebnisse werden besser, je genauer die Suchanfrage ist. Eine Zwickmühle! Genaue Suchanfragen bringen die besten Suchergebnisse, können aber über Google AdWords kaum verkauft werden. Hier ist die Konkurrenz zu gering, um „gute Preise" für eine Werbungschaltung verlangen zu können.

Die Lösung: Google pflegt eine zweite Datenbank, die auf die Bedürfnisse der Suchenden eingeht.

Unser Ziel ist es nun, genau diese Datenbank anzuzapfen, denn hier verstecken sich die Juwelen, die Suchphrasen, die unsere Kunden „wirklich" bei ihrer Suche nutzen.

Wie finden wir diese Keywords?

Erstens: Unter jedem Suchergebnis stehen eine Reihe von weiteren Suchvorschlägen. Tataa: Genau dies sind die Keywordphrasen aus Google Related Search.

Zweitens: Geben wir in der Suchmaske einen Begriff ein, schlägt uns Google schon beim Tippen verschiedene Suchphrasen vor. Dies sind die Ergebnisse aus Google Suggest.

Tippe ich „Webdesign", schlägt mir Google die Kombinationen vor:
‣ Webdesigner
‣ Webdesign Software

Ergänze ich mein Keyword um einen nachfolgenden Buchstaben (z.B. „A"), zeigt mir Google passenden Erweiterungen:
‣ Webdesign Agentur
‣ Webdesign Award
‣ Webdesign Ausbildung

Das Gleiche funktioniert nun für das gesamte Alphabet, für Zahlen und für 2-Wort-, 3-Wort- und 4-Wort-Phrasen. Auf diese Weise können wir einen gewaltigen Fundus an relevanten Keywords anlegen, von denen wir WISSEN, dass nach genau diesen Suchbegriffen Kunden suchen.

Und da dies nach viel Handarbeit klingt, habe ich hier noch weitere Tools neben dem KeywordResearcher von Clevergizmos herausgesucht, die wir für unsere Suche nutzen können.

Ein kostenloses Tool ist: Ubersuggest. Kostenpflichtige Alternativen sind u.a. der Keyword Researcher oder der Rank Tracker. Rank Tracker ist für Profis entwickelt und entsprechend komplex. Hier gibt es unzählige Möglichkeiten, die Suche nach Keywords zu verfeinern. Beispielsweise können „falsch getippte" Suchbegriffe, Google Trends oder unabhängige Datenbanken (SEMRush) in meine Recherche eingebunden werden:

TOOL-Tipp: Auf der Website https://seo-marketing-guru.de/ seoupdates habe ich wichtige Tools für Ihre SEO-Arbeit zusammengefasst.

Alle Keywords sollten Sie in einer TXT-Datei zusammenfassen. Als finalen Schritt gehen wir jetzt noch einmal zurück zum Keyword-Planner, um die potenzielle Anzahl an Kunden und die Anzahl an Konkurrenz herauszufinden. Diesmal wählen wir den Punkt: Suchvolumen für Keyword-Liste abrufen. Wir kopieren unsere Liste in das Feld. Jetzt bekommen wir eine schöne Auswertung der tatsächlichen Suchanfragen. Dieses Mal aber nicht auf Grundlage der „Kauf-Keywords" von Google, sondern basierend auf den tatsächlichen Suchanfragen gemäß unserer Analyse! Die weiteren Schritte decken sich mit unserer Recherche, wie ich sie bei dem Kapitel „Keyword Tools" vorgestellt habe.

g | Guru-Trick 2: KEI

Die Faustregel war: Wir suchen möglichst genaue Keywords, mit hohen Suchanfragen pro Monat und wenigen Treffern in der Google-Suche (mithin wenig Konkurrenz). Diese Faustformel nennt man auch KEI: Keyword Efficiency Index. Wer sich für den eben erwähnten Rank Tracker entschieden hat, kann sich freuen, denn dieser gibt automatisch zu jedem Keyword den passenden KEI an. Über diesen Index kann ich bereits in dem Programm meine Keywords nach Erfolgschancen filtern.

h | Guru-Trick 3: LSI

Ich hatte zu Beginn dieses Buchs bereits das Thema LSI (Latent Semantic Index) kurz angeschnitten. Dahinter verbarg sich die Google-Technologie, zwischen den Zeilen lesen zu können. Schreibe ich einen Artikel über Word, Bing und Excel, wird Google meine Seite dem Keyword „Microsoft" zuordnen, da alle drei Produkte von Microsoft sind. Bislang haben wir durch unsere Recherche wertvoller Suchbegriffe zu unserem Themenbereich gefunden. Jetzt gehen wir einen Schritt weiter, indem wir unsere TOP-Begriffe um LSI-Keywords ergänzen.

> Wichtig ist zu wissen, dass LSI-Keywords kein Ersatz für unsere Keywords sind. LSI-Keywords sind weder Synonyme noch Suchalternativen, sondern themenbezogene Wortgruppen, die wir später in unsere Website „um unsere Top-Keywords herum" einbauen.

Zum Verständnis: Google möchte den Suchenden erstklassige Suchergebnisse liefern. Nach Ansicht von Google bieten Experten die besten Antworten auf etwaige Fragen. Der Gedanke macht Sinn.

Und wer ist ein Experte? Experte Ist jemand, der sich ausgiebig mit einem Thema auseinandersetzt. Wir müssen Google also zeigen, dass sich unser Webinhalt ausgiebig mit einem Thema auseinandersetzt – und zwar neben den eigentlichen Suchbegriffen.

Möchte ich Adobe-Produkte verkaufen, reicht es nicht aus, „Adobe" möglichst oft auf meiner Seite einzubauen. Nein, ich muss die passenden Wortgruppen finden, die „ausgiebig" Adobe indirekt beschreiben. In diesem Fall wären dies z.B. die verschiedenen Produkte von Adobe (Photoshop, Dreamweaver, InDesign, etc.).

Wie finden wir diese LSI-Keywords?

Zunächst einmal können wir die Ergebnisse unserer Recherche zurate ziehen. Gerade die Vorschläge aus der „Google Related Search" sind ein schöner Fundus für LSI-Keywords, da Google hier selbst offenlegt, welche Begriffe als verwandt und relevant einzustufen sind.

Auch der Keyword Planner liefert unter „Ideen" zuweilen gute Ergebnisse. Zudem kann man den OpenThesaurus (https://www.openthesaurus.de/) nach Synonymen durchsuchen, was zwar nicht ganz genau LSI entspricht, aber dennoch besser als nix ist.

Da sich die Tools zur Generierung von LSI-Keywords rasch wandeln, empfehle ich eine kurze Google Recherche nach „LSI Keywords". Hier werden Sie viele Quellen finden. Derzeit zum Beispiel auch das kostenlose Tool LSI Graph: https://lsigraph.com/

Ganz gleich, welche der vorgestellten Methoden Sie nutzen, am Ende des Tages sollten Sie ca. 5 Top-Keywords ermittelt haben und pro Top-Keyword jeweils 2 bis 3 passende LSI-Keywords auf Ihrem Zettel stehen haben. Diese Liste ist das Herzstück Ihrer Kampagne!

i | Ein konkretes Beispiel

Lassen Sie uns ein konkretes Beispiel durchspielen. In unserem Beispiel wollen wir die „Erstellung von Websites" anbieten. Zunächst schreiben wir eine Liste mit möglichen Suchbegriffen: Website, Homepage, Layout, etc. Diese Begriffe suchen wir in Google in Kombination mit dem ABC (Website a, Website b, ...) und notieren die Suchvorschläge von Google (Google Suggest). Anschließend suchen wir auch nach diesen Begriffen und notieren zudem alle verwandten Suchbegriffe, die Google unterhalb der Suchergebnisse auflistet (Related Search). Jetzt haben wir einer Liste der tatsächlichen Suchanfragen zu unserem Themengebiet.

Nun ermitteln wir das Suchvolumen zu unseren Begriffen, denn wir wollen ja zunächst möglichst viele Kunden erreichen. Wir gehen dazu zum Keyword Planner. Nach Eingabe all unserer Keywords in den Keyword Planner (Suchvolumen abfragen) wechseln wir zur Maske „Keyword-Ideen".

Hier schauen wir uns den Rang der Keywords an, und wie oft es monatlich gesucht wird. Die Wort-Spalte zeigt die spezifischen Keywords, die gesucht wurden. Die Zähler-Spalte zeigt, wie oft die Keywords für den Vormonat in den Suchmaschinen gesucht wurden.

Für eine bessere Übersicht sortieren wir unsere Liste nach den „monatlichen Suchanfragen". So erkennen wir die Suchhäufigkeit pro Suchbegriff. Schnell stellen wir fest, dass unsere Suchidee „Homepage Layout" nicht so glücklich war, da es nur 170 Suchanfragen zu diesem Keyword gibt.

Viel spannender sind die Begriffe:
‣ Homepage erstellen (22.000 Suchanfragen)
‣ Homepage Baukasten (14.500 Suchanfragen)
‣ Homepage erstellen lassen (1.300 Suchanfragen)

Nun erinnern wir uns an den vorherigen Abschnitt „Relevanz": Die Suchphrase „Homepage erstellen" ist ziemlich weit gefasst und wird viele Besucher anlocken, die eine Anleitung zum Erstellen einer Website suchen. Dies ist nicht unsere Zielgruppe. Auch die Suchphrase „Homepage Baukasten" wird uns nicht die gewünschten

Kunden bringen, da hier die Suchenden nach einem fertigen Baukasten statt nach unserer Hilfe bei der Erstellung einer Website suchen.

Optimal ist für uns der Suchbegriff „Homepage erstellen lassen".

Okay: Dies sind „nur" 1.300 Suchanfragen pro Monat.
Aber mit 1.300 Kunden pro Monat könnte ich prima leben.
Noch einmal der Hinweis: Das Streben nach großen Zahlen ist an
dieser Stelle nicht so wichtig. Es ist viel besser, bei wenig umkämpften Suchbegriffen GUT gefunden zu werden, als bei populären Suchbegriffen GAR NICHT gefunden zu werden!

Nach diesem Prinzip suchen Sie nun weitere relevante Schlüsselbegriffe und erstellen eine Datei mit allen möglichen Keywords (ein-
schließlich verlängerter oder ergänzter Keyword-Phrasen). Diese
Suchphrasen können wir später prima nutzen, unseren Webseiten-
Textinhalt (Content) zu erstellen. Wir erinnern uns: Google liest
nicht nur die einzelnen Keywords, sondern die gesamten Begriffe
eines Textes.

Wenn wir verschiedene Keywords zum Thema in unseren Artikel einstreuen, ist dies für Google ein Indiz, dass unser Artikel äußerst relevant für ein Thema ist – und wird die Seite besser ranken.
Es ist enorm wichtig, kein Projekt zu starten, bevor Sie nicht IHRE
Keywords gefunden haben, sonst werden Sie nicht erfolgreich an
ihr Ziel gelangen. Fakt ist, wenn Keywords mit vielen Suchanfragen
in der Liste erscheinen (>10.000), wird es extrem schwer, ihre Keywords zu platzieren.

Gute Werte liegen zwischen 1.000 und 10.000 monatlichen Suchanfragen. Haben Sie ein gutes Keyword gefunden, lohnt es sich, ei-

nen kurzen Blick auf die Konkurrenz zu werfen. Geben Sie dazu Ihr Keyword einfach in Google ein und prüfen Sie, wie viele Webseiten mit ihrem Keyword im Wettbewerb stehen. Wenn wir auf Google gehen und unser Keyword „Homepage erstellen" eingeben, gibt es fast 1.5 Millionen Mitbewerber zu dieser Keywordphrase! Ich weiß nicht, wie es Ihnen geht, aber das ist eine Menge Konkurrenz. Googeln wir nach „Homepage erstellen lassen", bekommen wir nur noch 300.000 Treffer. Okay, dies scheint ein weitaus besseres Keyword für uns zu sein! Es beschreibt unser Angebot perfekt, und bei der geringeren Konkurrenz wird es leichter sein, mit diesem Keyword an der Konkurrenz vorbeizuziehen.

Im letzten Schritt werten wir noch die Konkurrenz über SEOQuake (bzw. LongTailPro) aus. Wie viele Links haben die Konkurrenten, wie alt ist die Domain, welche Autorität haben die TOP10-Konkurrenten und wie verhält sich diese zu unserer eigenen Domain-Autorität?

INHALTE AUFBEREITEN (CONTENT)

Wir haben nun viele Tricks gelernt, wie wir passende Keywords für unsere Texte finden. Kommen wir dazu, diese Keywords strategisch sinnvoll in unsere Texte einzubauen! Wir erinnern uns: Wir befinden uns im Kapitel OnPage-Optimierung – und unter OnPage-Optimierung werden alle Optimierungsmethoden zusammengefasst, die direkt an der eigenen Website vorgenommen werden. Innerhalb der OnPage-Optimierung erfolgt neben der inhaltlichen Aufbereitung (Content) die technische Aufbereitung (Coding) der Webseiten. Beginnen wir mit dem Inhalt. Grundsätzlich sollten Sie trotz aller Optimierungsmöglichkeiten nicht vergessen, dass Sie für Leser und nicht für Google schreiben. Interessanter und relevanter Content ist für eine optimale Platzierung in den Suchergebnissen die effektivste Strategie. Denn nur hochwertige Inhalte bieten dem Besucher einen Mehrwert und darüber hinaus eine Motivation, die Seite „weiterzulesen", sich länger mit den Inhalten der Website zu beschäftigen und diese öfter zu besuchen. Zusätzlich wird die Chance erhöht, dass begeisterte Leser ihrerseits die Seite empfehlen und somit wichtige „Backlinks" auf die Seite verweisen.

a | Generelle Überlegung zu Textinhalt und Keywords

Bei der Optimierung von Seiteninhalten muss eine sorgfältige Abstimmung mit der Keywordstrategie erfolgen. Nur eine Webseite, deren Inhalte dem eingegebenen Suchbegriff entsprechen, ist für eine Suchmaschine interessant. Sind also die Suchbegriffe festgelegt, wird der Seiteninhalt auf diese Begriffe maßgeschneidert formuliert. Dabei ist darauf zu achten, dass die gewünschten Keywords tatsächlich im Text der Webseite enthalten sind. Sie müssen sicherstellen, dass Ihre Haupt-Keyword-Phrasen über Ihren gesamten Content verstreut sind und gleichzeitig der Textfluss natürlich ist. Vermeiden Sie auf jeden Fall einen keywordreichen Text, der nur Suchmaschinen anspricht. Auch Ihre Besucher sollten Ihr Material lesen, verstehen und verdauen können.

Bei der OnPage-SEO ist es erforderlich, dass Sie neben den primären Keywords auch mit ihren sekundären Keywords (verlängerte Keyword Phrasen) und den LSI-Keywords arbeiten, die Sie zuvor zusammengestellt haben. Schaffen Sie ein in sich geschlossenes Bild: Hauptkeyword, Sekundärkeyword, LSI-Keyword. Auf diese Weise sammeln Sie eine Menge Pluspunkte für ihr Googleranking!

> Hauptkeyword: „Homepage erstellen lassen"
> Sekundärkeyword: „Was kostet eine Homepage?"
> LSI-Keywords: „Website", „Internetseite", „Kosten Homepage"

b | Keyword-Prominence

Auch die Position des Keywords auf einer Seite ist zu berücksichtigen. So messen Suchmaschinen einem Keyword eine höhere Relevanz zu, wenn sich dieses bereits Titel des Dokuments befindet. Bauen Sie ihr primäres Keyword zudem im ersten Absatz ein, sprich innerhalb der ersten 50 Wörter. Verteilen Sie dann die sekundären und LSI-Keywords über den Text und greifen sie ihr Top-Keyword noch einmal gegen Ende des Textes auf.

c | Keyword-Dichte

Keyword-Dichte ist der Prozentsatz, wie oft ein Keyword verglichen mit der Gesamtzahl der Wörter auf der Seite erscheint.

> Beispiel: Wenn es 100 Wörter auf einer Webseite gibt und Ihr Keyword (Hund) auf der Seite 5-mal vorkommt, liegt die Keyword-Dichte für das Wort (Hund) bei 5 %.

Viele SEO-Spezialisten glauben, dass die richtige Keyword-Dichte ein Allheilmittel ist, um in den Suchmaschinen zu steigen. Ich bin da anderer Meinung. Bei einem natürlich geschriebenen Beitrag mit 350 bis 500 Wörtern und natürlichem „Einstreuen" der Keywords wird man in der Regel bei 1-2 Prozent liegen. Dies ist für mich ein guter Wert. In Anbetracht der Tatsache, dass Google über den LSI-Index ohnehin eigene Rückschlüsse aus unserem Text zieht, ist es ratsamer, ein ausgewogenes Verhältnis zwischen Keywords und LSI-

Keywords zu finden. Im Zweifel sollte man seine Texte lieber unter- statt überoptimieren, womit wir beim Thema Keyword-Stuffing wären.

d | Keyword-Stuffing

Als die Suchmaschinenoptimierung an Bedeutung gewann, wurde versucht, ein Keyword möglichst oft auf einer Website einzubauen. Mit dem Ziel, Spitzenpositionen bei den Suchmaschinen zu erreichen, wurden Keywords einfach willkürlich hintereinander gereiht in die Texte geschrieben. Heute gilt diese „Technik" als Überoptimierung, kurz Keyword-Stuffing, und wird von Suchmaschinen als Spam gewertet. Also hier noch einmal: Die beste Optimierung sind natürliche Inhalte und eine realistische Anzahl an Keywords.

e | Keyword-Variation

Wer einen Facharartikel schreibt, steht schnell vor dem Problem, relevante Keywords zwangsweise öfter als gewöhnlich nutzen zu müssen. Um der Gefahr einer zu hohen Keyword-Dichte zu entgehen, sollte die übermäßige Nutzung eines Keywords durch Variationen des Keywords verhindert werden. Beispielsweise könnten statt des Wortes „Logo" auch die Synonyme „Signet", „Bildmarke", etc. verwendet werden.

f | Keyword-Nähe

Wird eine Seite für zwei oder drei Keywords optimiert, muss darauf geachtet werden, dass die einzelnen Keywords nicht direkt beieinanderstehen. Sinnvoll ist eine deutliche Trennung der einzelnen Keywords. Wird hingegen eine Keyword-Phrase beworben, muss die Kombination zumindest einmal als Phrase im Text vorkommen.

Mein Tipp: Konzentrieren Sie sich immer auf ein einzelnes Haupt-Keyword bzw. eine einzelne Haupt-Keyword-Phrase pro Artikel. Versuchen Sie nicht, pro Artikel mehrere Fliegen mit einer Klatsche zu erwischen. Schreiben Sie lieber zu einem weiteren Suchbegriff einen neuen Artikel, den Sie abermals sauber mit Primärkeyword, Sekundärkeywords und LSI-Keywords aufbauen.

g | Guru-Trick: Slugs

Überschriften sind für SEO besonders wichtig, da sie den text gliedern und Google rasch einen Überblick über den Textinhalt vermitteln. Doch jede Überschrift enthält unzählige Wörter, die für den Inhalt – aus Sicht der Suchmaschine – irrelevant sind. Gebräuchliche Wörter, die nicht der Konkretisierung der Webinhalte dienen, werden als „Slugs" bezeichnet. Dazu zählen Wörter wie: „haben", „damit", „vielleicht", „hat", „wollen", etc.

Bei der Slug-Optimierung wird eine Liste von Füllwörtern definiert, die von der Suchmaschine ignoriert werden soll. Dadurch erhöhen sich die Stichwortrate und die Qualität der relevanten Begriffe auf der Webseite.

Die Slug-Optimierung findet vor allem bei der Optimierung der Titel und URL statt, indem die Füllwörter im Seitentitel und aus der URL entfernt werden. Allerdings sollten Sie nicht alle Füllwörter oder irrelevanten Wörter ausklammern, da es andernfalls zu Problemen bezüglich der Keyword-Dichte kommen könnte.

URL: https://dies-ist-ein-Artikel-über-SEO.de

Optimiert: https: //Artikel-SEO.de

Im Rahmen des Fließtextes sollte man die Füllwörter eher stehen lassen. Zum einen könnten wir sonst Probleme mit der Keyword-Dichte bekommen (siehe oben), zum anderen soll auch Google unseren Text als „natürlich" wahrnehmen und nicht als Liste relevanter Suchbegriffe.

INHALTE AUFBEREITEN (CODING)

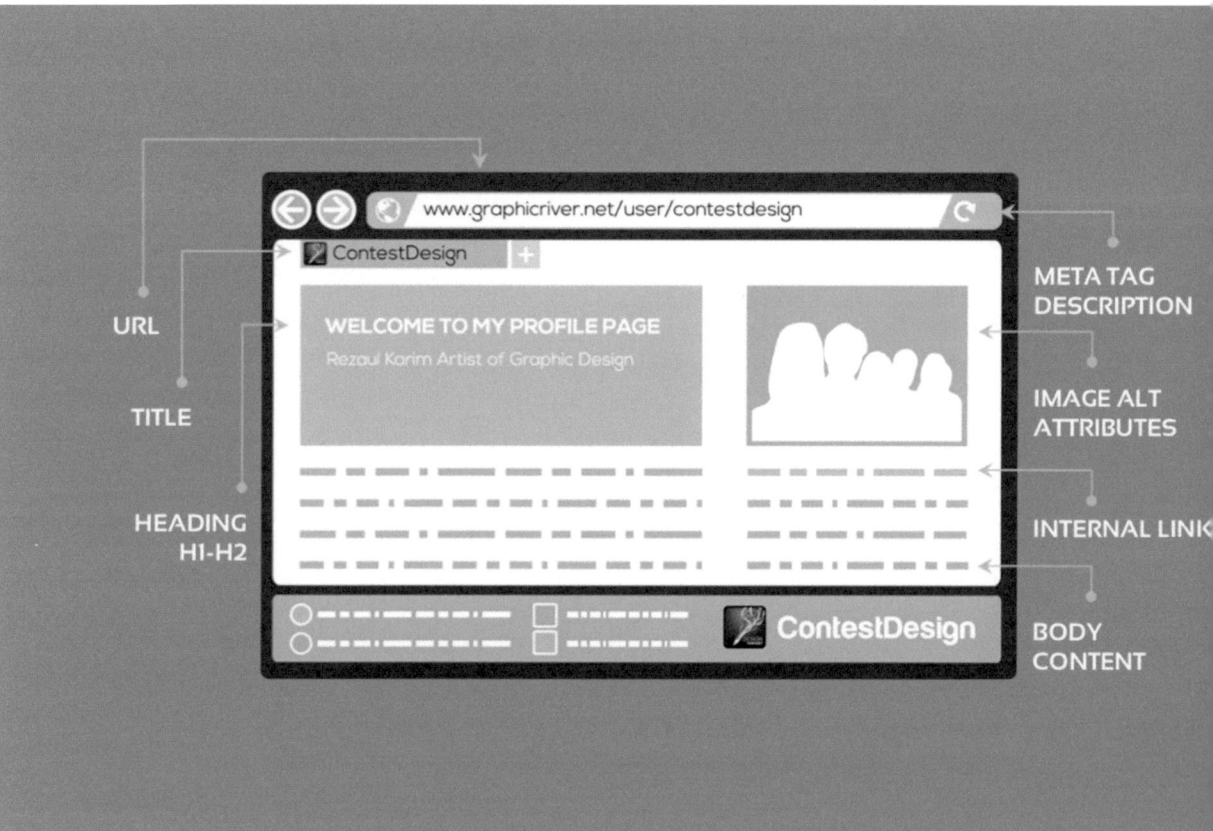

In diesem Schritt geht es darum, unsere Suchbegriffe technisch optimal in unsere Website einzubauen. Beispiele für die technische OnPage-Optimierung sind: Formatierung der Webseite mit Überschriften, Optimierung der Grafiken und Fotos u.v.m. Eines müssen Sie immer im Auge behalten: Sie müssen immer jede einzelne Seite Ihrer Website optimieren, nicht nur einfach die Hauptseite. Da

Suchmaschinen Ihre Website aufgrund von Einzelseiten indizieren, ist es möglich, dass Sie mit einer Unterseite höher gelistet werden als mit der Hauptseite, je nach Keyword und Gesamtstruktur.

a | Internetadresse

Bereits die Internetadresse ist ein wichtiger Teil der Suchmaschinenoptimierung. Vorzugsweise enthält die URL das wichtigste Keyword und gibt der Suchmaschine einen Hinweis auf den Inhalt der Website.

Beispiel: https://www.firma-keyword.de

Ein alter Streit ist, ob Keywords in der Domain sinnvoll sind oder eher schaden (Stichwort: Keyword-Stuffing). Meines Erachtens nützt es, wenn ein Keyword auch in der Domain vorkommt. Allerdings sollten „künstliche" Domainnamen mit zu vielen Keywords vermieden werden. Desweiteren kann es durchaus sinnvoll sein, auf Keywords in der URL zu verzichten, beispielsweise, wenn man eine Marke aufbauen möchte. Sollen Keywords in der Domain vermieden werden, können Keywords bequem in die URL der Unterseiten integriert werden. So kann die Domain den Firmennamen enthalten, die URL der Unterseite das Keyword.

Beispiel: www.firmenname.de/keyword.html

Grundsätzlich sollten wir uns auch hier auf einen Suchbegriff pro Seite beschränken. Aus SEO-Sicht macht es wenig Sinn, pro Seite mehrere Themen per URL bewerben zu wollen. Wir konzentrieren uns auf einen Top-Begriff pro Seite.

b | Guru-Trick: Sprechende URL

Wie wir gerade gelernt haben, sollte der Suchbegriff in der URL (bzw. der URL der Unterseite) vorkommen. So zeigen wir Google, dass sich unsere Webadresse exakt mit dem betreffenden Schlüsselwort auseinandersetzt. Das Problem ist, dass ein CMS meist eine dynamische URL erzeugt, die kryptisch und damit für SEO unnütz ist. Aber bei fast jedem CMS kann man die seltsamen Buchstaben in hervorragenden SEO-Text umwandeln. Um dies zu erreichen, passen wir die URL dem Titel des Artikels an. Dies funktioniert bei einem CMS wie WordPress sehr einfach. Dort legt man unter Einstellungen die „Permalinks" auf „Beitragsname" fest. Und schon wird aus der http://designers-inn.de/?p=18125 eine sprechende URL: http://designers-inn.de/logo-erstellen-5-tipps-die-ihr-beachten-solltet.

Prüfen Sie dies unbedingt auf Ihrer Website und nehmen Sie die entsprechenden Einstellungen vor!

Zu guter Letzt würde ich die URL ein wenig aufräumen: Relevante Begriffe kommen nach vorne und irrelevante Wörter entferne ich aus der URL, sodass die URL im obigen Beispiel lautet: http://designers-inn.de/logo-erstellen-tipps

c | Meta-Tags

Sind die Schlüsselwörter sinnvoll gewählt, die URL für das Keyword optimiert und der Text voll mit strategisch verteilten Keywords, gilt es, die Relevanz dieser Begriffe zu unterstreichen. Dazu werden die Kernbegriffe für die Suchmaschinenspider im Quelltext hervorgehoben. Meta-Tags enthalten weiterführende Informationen zu der gesamten Website und zu einzelnen Unterseiten. Diese Beschreibungen enthalten kurze Auszüge aus der Website. Erscheint die Startseite (Homepage) der Website in den Suchergebnissen, sollte beispielsweise ein sinnvoller Titel der Seite und eine suchrelevante Beschreibung zum Inhalt der Seite angezeigt werden. Schauen wir uns die Tags etwas genauer an ...

Title-Tag

Der title-Tag ist eines der wichtigsten Elemente der OnPage-SEO und das, was Ihr Besucher in den Suchmaschinen als Erstes von Ihrer Website sieht. Deshalb sollten Sie dafür sorgen, dass dieser Text so zielgerichtet und relevant wie möglich ist. Da der title-Tag elementar für Ihre Website ist, sollte er die wichtigen Keywords enthalten. Hier ist auf einen natürlichen Gebrauch der Schlüsselbegriffe zu achten, um eine Abwertung der Seite wegen Keyword-Stuffing zu vermeiden. Wichtige Keywords sollten zudem im Titel weiter vorne platziert werden.

Beispiel: <title>Keyword1, Keyword2 - Firmenname</title>

Ihr title-Tag sollte ein bis zwei Hauptkeywörter beinhalten, die Ihre Webseite am besten beschreiben. Wenn Sie Ihren title-Tag erstellen, können Sie auch dafür sorgen, dass die bedeutungsvollsten Keywords, mit denen Sie oben gelistet werden wollen, enthalten sind, selbst wenn das Keyword eine Pluralversion hat. Wenn ich zum Beispiel mit Spielzeug und Spielsachen platziert werden möchte, beziehe ich beide Begriffe im Titel der Seite ein, etwa so:

Holz-Spielzeug-Führer | Die beste Quelle für Holz-Spielsachen

Sie können Ihre Keywords durch das | Symbol trennen, um sie lesbarer zu machen oder einfach durch Leerzeichen. Halten Sie Ihre Titel kurz, da zu lange Titel von den Suchmaschinen gekürzt werden. Verwenden Sie also nur die allerwichtigsten Keywords und bemühen Sie sich, unter 60 Zeichen zu bleiben.

Header-Tag

Header-Tags sind die Überschriften in ihrem Textbeitrag. Header Tags sind folgendermaßen formatiert: <h1> Ihr Text </h1>

Entsprechend der Wertigkeit einer Überschrift besitzt eine <h1> (1. Überschrift) die größte Bedeutung, gefolgt von der <h2>, <h3>, etc. Strittig ist, bis zu welcher Tiefe eine Gliederung von Suchmaschinen Berücksichtigung findet. So ist es wahrscheinlich, dass die Überschriften <h5> und <h6> keine große Bedeutung mehr für die Suchmaschinenoptimierung haben. Achten Sie künftig darauf, Überschriften nicht nur fett oder kursiv hervorzuheben, sondern wirklich mit oben genannter Syntax zu formatieren! Dies wird oft übersehen und hat dramatische Auswirkungen auf das Ranking.

Sie sollten immer einen Header-Tag <h1> auf jeder Seite Ihrer Website haben. Jede Überschrift sollte kurz sein und das Keyword am Zeilenanfang enthalten. Optimal wäre es, wenn man auf Füllwörter verzichten könnte. Aber ich rate dazu, Beiträge vorrangig für die Leser zu schreiben – und erst dann für Google. Doch manchmal kann man mit wenigen Tricks eine Überschrift so umformulieren, dass Leser und Google zufrieden sind.

Schlechte Überschrift: „Hier zeige ich, was du bei der Erstellung eines Logos beachten solltest."

Gute Überschrift:
„Logo erstellen: 5 Tipps, die du beachten solltest"

Neben dem Titel der Seite (welcher zugleich die erste Hauptüberschrift (Ü1) sein kann), sollte der Inhalt mit Zwischenüberschriften der Ebene 2 (Ü2) untergliedert werden. Längere Texte können auch noch weiter verschachtelt werden (Ü3 bis Ü6). Über eine ansprechende Textformatierung freut sich natürlich der Leser. Überschriften und Auszeichnungen (fett, kursiv) erleichtern die Lesbarkeit eines Beitrages. Aber nicht nur die Leser freuen sich über eine gute Formatierung, auch Google mag strukturierte Texte. Dabei ist zu berücksichtigen, dass eine Suchmaschine keinen Wert auf Äußerlichkeiten, sondern allein auf technische Details legt.

Dazu folgende Grundregeln:

‣ Die Hauptüberschrift Ü1 sollte der Name des Artikels sein. Folgeüberschriften sind entsprechend die Überschriften Ü2, Ü3. Viele Websitevorlagen nutzen den Kategorienamen als Ü1 und für die Beitragsüberschriften nur eine Ü2. Dies ist nicht gut! Stellen Sie sich einen schönen Blog vor, bei dem alle Beiträge aus Sicht von Google „Blog" heißen (da ja so die Kategorie heißt). Das ist dumm und muss geändert werden! Andernfalls hat die Website für Google nur einen einzigen Hauptartikel (die Überschriftsebene Ü1). Entsprechend gering gewichtet ist der einzelne Beitrag, der „nur" eine Ü2-Überschrift hat. Ich empfehle, dies dringend zu korrigieren: Der Titel des jeweiligen Beitrags muss Ü1 (Tag <h1>) sein und die Folgeüberschriften Ü2 (<h2>), Ü3 (<h3>) …

‣ Über den Meta-Tag <title> kann zudem angegeben werden, welcher Text in der Titelleiste des Web-Browsers bei Aufruf der Seite angezeigt wird und welcher Text in den Ergebnisseiten der Suchmaschinen angezeigt werden soll (Syntax: <title>Titel </title>). Da der Titel das Erste ist, was der Interessierte in den Suchmaschinenergebnissen von der Webseite wahrnimmt, sollte der

Titel nicht nur die relevanten Keywords enthalten, sondern auch aussagekräftig formuliert sein. In den meisten Fällen kann hier die Hauptüberschrift Ü1 auch als Titel der Seite genutzt werden.

‣ Dabei geht es weniger um Quantität: Eine Aneinanderreihung von Keywords wirkt wenig einladend. Eher wird der Interessierte auf eine vielversprechende Formulierung reagieren, die seinem Suchziel entspricht. Bei umfangreicheren Themen empfiehlt es sich, für jede Unterseite individuelle title-Tags zu erstellen, die den relevanten Inhalt der Seite widerspiegeln. Entspricht der Suchbegriff dem Inhalt der Seite, den Suchbegriffen in der URL, im Titel und (in Abwandlungen) den Zwischenüberschriften, wird dem Beitrag von den Suchmaschinen eine größere Bedeutung zugemessen.

Keywords-Tag

Der Keywords-Tag enthält die relevanten Suchbegriffe der Seite. Dieser verliert zwar an Bedeutung, da Suchmaschinen „intelligenter" werden und die Inhalte der Seiten auswerten. Andererseits hilft der Keywords-Tag den Crawlern, eine Seite thematisch einzuordnen, und sollte m.E. immer in eine Seite eingearbeitet werden. Um dem Vorwurf einer Manipulation von Suchergebnissen zu entgehen, ist es wichtig, nur die Schlüsselbegriffe zu hinterlegen, die auch tatsächlich auf der jeweiligen Webseite als Information enthalten sind.

Syntax: <meta name="keywords" content="Keyword" />

Bitte übertreiben Sie es mit den Keywords pro Seite nicht. Wohlgemerkt: Wir können uns pro Seite eh nur auf ein Hauptkeyword konzentrieren. In der Tat beschränke ich mich in der Regel auf ein einziges Keyword pro Seite.

Description-Tag

Der Description-Tag (Beschreibung der Seite) besteht in der Regel aus einem kurzen Satz, der im besten Fall 1-3 Keyword-Phrasen beinhaltet, die den Inhalt der Website beschreiben. Ähnlich wie beim Keyword-Tag verliert der Description-Tag beim Ranking in Suchmaschinen an Bedeutung. Trotzdem ist dieser für die SEO ein wichtiger Bestandteil, da der Description-Tag bei Suchmaschinen in den Ergebnislisten als Vorschautext genutzt wird. Stellen Sie sicher, dass jede Seite Ihrer Website einen guten Beschreibungstext hat, der mindestens eine leicht verständliche Keywordphrase enthält.

Denken Sie daran: Diese Beschreibung wird von Google benutzt, um Details Ihrer Seite in den Suchergebnissen anzuzeigen. Folglich wird Ihr potenzieller Besucher zu allererst diese Beschreibung in den Suchmaschinen sehen! Sie ist quasi die Werbetafel für Ihre Seite. Darum noch einmal der dringende Hinweis, dass Sie für Menschen schreiben, nicht für Suchmaschinen. Eine gute Platzierung nützt Ihnen nur etwas, wenn Suchende auch auf ihren Link klicken.

> Beispiel: <meta name="description" content="Hier finden Sie Geschenke und Spielsachen von Qualität für Kinder jeden Alters." />

ALT-Tag

Ein Bild sagt mehr als tausend Worte. Entsprechend hat jeder meiner Artikel ein passendes Bild. Das Problem ist, dass ein Suchmaschinenspider meine Bilder nicht "sehen" kann. Aber man kann ihm weitergehende Informationen zu den Bildern zur Verfügung stellen und so die Relevanz der HTML-Seite zum gewünschten Keyword erhöhen. Dazu wird der "Alternativtext" der Bilder entsprechend der

Schlüsselwörter angepasst. Sie sehen: Auch Bilder sind für die Such-maschinenoptimierung sinnvoll. Allerdings nur, wenn die Bilder richtig benannt und mit sinnvollen Alt-Tags versehen sind. Benen-nen Sie also die Medien ihrer Beiträge passend zu den Keywords.

Übrigens: Der ursprüngliche Grund, warum Alt-Tags geschaffen wurden, war, Blinden die Möglichkeit zu geben, Bilder im Kontext zu verstehen. So wird nicht nur ein Keyword sinnvoll in die Seite ein-gebaut, auch dient die Festlegung eines Alternativtextes der „Bar-rierefreiheit" einer Webseite, da sehbehinderten Besuchern der Alternativtext eines Bildes vorgelesen wird. Über die Jahre haben Suchmaschinen Alt-Tags dazu benutzt, den Content einer Website besser zu klassifizieren. Und genau dies nutzen wir für unsere Zwek-ke aus! Wenn Sie beispielsweise ein Logo auf Ihrer Webseite anbrin-gen, dann sehen Sie im Quelltext in etwa:

```
<img src="image-name.jpg" width="220" height="322">
```

Wenn Sie nun einen Alt-Tag in dieses Bild einfügen, dann würde es etwa so aussehen:

```
<img src="image-name.jpg" alt="hier Ihr Keyword" width="220"
height="322">
```

Eine Menge Leute übersehen das, doch es ist wirklich ein einfacher Weg, ein bisschen mehr Optimierung zu erreichen, indem dieser Platz für zusätzliche Keywords genutzt wird. Wenn Sie HTML-Edi-toren wie Dreamweaver benutzen, werden Sie jedes Mal, wenn Sie ein Bild auf Ihre HTML-Seite einfügen, gebeten, es zu benennen. Falls Sie diese Aufforderung nicht erhalten, fügen Sie das Bild ein und schauen dann in Ihren Quelltext, lokalisieren Sie das Bild und fügen den Alt-Tag wie gerade beschrieben von Hand hinzu. Sie kön-nen auch das Bild einsetzen und auf das Bild klicken. In der Toolbar finden Sie die Option, eine Alt-Tag-Beschreibung einzufügen. Auch jedes CMS, wie zum Beispiel WordPress, bietet diese Funktionen bei der Bearbeitung von Bildern.

Sie sollten ebenso auf strukturelle Elemente Ihrer Website achten, vor allem auf Ihr Navigations-Menü! Nutzen Sie beispielsweise Bilder als Buttons, müssen Sie sicherstellen, dass alle Links benannt und die Bilder entsprechend getaggt sind, sodass Suchmaschinen in der Lage sind, effektiv Ihre gesamte Website zu indexieren. Bei Menüs empfehle ich übrigens textbasierte Links. Suchmaschinen betrachten die Links einer Seite gewissermaßen als Weg. Diesen schreiten sie Schritt für Schritt (Link für Link) ab und bestimmen die Bedeutung und Sachdienlichkeit Ihrer Inhalte. Daher ist es dringend empfohlen, wann immer möglich textbasierte Links zu verwenden – statt grafischer Buttons. Möchten Sie unbedingt ein Navigationssystem einbauen, das Bilder verwendet, können Sie die Spider durch Ihre Website führen, indem Sie zusätzlich Textlinks innerhalb Ihres aktuellen Seitencontents einbauen. Am Ende eines jeden Artikels verlinken Sie auf ähnliche Artikel oder fügen eine Liste mit weiteren Seiten ein, die für den Besucher von Interesse sein könnten.

Stellen Sie sicher, dass Sie in der Beschreibung aller Links wieder sinnvolle Keywords verwenden, da Suchmaschinen auch diese Informationen nutzen, wenn sie durch Ihre Website crawlen.

Language-Tag

Sinnvoll ist es, den Browsern die Sprache der Webseite zu verraten. So kann Google entscheiden, ob eine Seite in bestimmten Ländern höher gerankt wird. Dieses Tag sollte bei keiner Webseite fehlen.

```
<meta name="language" content="de_DE" />
```

Ein Bonbon: Nutzen Sie auch das Revisit-After-Tag. Mit diesem Befehl sagen Sie Suchmaschinen, wie oft diese auf Ihrer Seite nach neuen Inhalten Ausschau halten sollen. Je öfter Sie ihre Seite aktualisieren, umso kürzer sollten Sie die Zeitspanne wählen. Aktualisieren Sie Ihre Seite beispielsweise wöchentlich, geben Sie „7 days" ein.

<meta name="revisit-after" content="7 days" />

d | Guru Trick: Dateiname anpassen

Einen Bonuspunkt kann man in den Augen von Google erhalten, wenn man nicht nur ein sinnvolles Alt-Tag für die im Dokument verwendeten Bilder und Videos verwendet, sondern auch dann, wenn überdies die Datei selbst einen keywordrelevanten Namen hat.

Ein Beispiel: Bewerbe ich mein E-Book „Hundezucht" mit einem Bild, so wäre es ratsam, eine Grafik nicht „bild1.jpg", sondern „Hundezucht.jpg" zu benennen. Wie wir später noch lernen werden, ist es einerseits ratsam, seine Keywords klug über den Text zu verteilen, andererseits dürfen wir es aber auch nicht übertreiben, da Google unseren Text sonst als Spam einstufen könnte. Über die hier gezeigten Tricks (Alt-Tags & Dateinamen) können wir zusätzlich Keywords in unser Dokument integrieren, ohne den Haupttext mit Schlüsselbegriffen zu überfrachten! Sicherheitshalber würde ich das Keyword aber leicht abgewandelt nutzen, sodass die Seite für Google nicht überoptimiert aussieht: also „Hundezucht-Bild1.jpg"

e | Guru Trick: Semantisch auszeichnen – Strong vs. Bold

Es ist zwar bekannt, dass man hin und wieder Passagen mit wichtigen Keywords grafisch hervorheben sollte. So kann man den Top-Schlüsselbegriff einmal „fett" oder „kursiv" auszeichnen. Über die Bold- & Italic-Tags heben Sie bestimmte Worte für Suchmaschinen hervor. Sie können Befehle wie <i> für italic (kursiv), <b> für bold (fett) und <u> für underline (unterstrichen) verwenden. Stellen Sie sicher, den Befehl nach jedem Gebrauch auch wieder zu schließen (mit </...>). Manche Editoren tun dies automatisch, während es andere erfordern, dass Sie sie manuell schließen, andernfalls erlebt man Coding Errors beim Betrachten.

Kommen wir nun zum eigentlichen Guru Trick: Zeichnet man einen Text fett oder kursiv aus, ist es dem Leser egal, wie man dies anstellt, solange das grafische Ergebnis stimmt. Für Google ist das anders! Nutzen Sie nämlich als Code für fett „bold" und für kursiv „italic", sind zwar die Textstellen fett und kursiv, aber für Google nur ein hervorgehobener Text! Okay, besser als nix. Aber über eine „semantische Gewichtung" lässt sich viel mehr erreichen! Grundsätzlich bezeichnet Semantik die „Lehre der Bedeutung" respektive die „Wissenschaft der Zeichenbedeutung". So nutze ich für fette Textstellen den semantischen Befehl „strong" (wichtig). Hier weiß Google, dass diese Passage „wichtig" ist, und wertet diese auch so. Für „kursiv" nehme ich den semantischen Befehl „em" (Emphase), da ich auch hier dem Text eine besondere Bedeutung zuweise.

Auf diese Weise können Textpassagen auch in den Augen von Google eine zusätzliche Relevanz bekommen, wenngleich das optische Ergebnis für den Leser das Gleiche ist.

ZEHN VERSTECKTE GURU-OPTIMIERUNGEN

....

a | Internes Link-Building

Nachdem Sie nun wissen, wie Sie eine Seite mit gutem und richtig formatiertem Text bei Google platzieren, sollten wir uns jetzt auf die Dinge konzentrieren, die Ihnen eine perfekte Platzierung für Ihre Website bringen. Die Rede ist von einer intelligenten Verlinkungsstrategie.

Bevor wir ins Detail gehen, gebe ich noch einen wichtigen allgemeinen Hinweis: Nutzen Sie für Links wenn möglich Ankertexte! Ein Ankertext ist der Textbaustein, der mit einem Link versehen ist.

Also statt die URL direkt als Link zu nutzen:

<a href="http://designers-inn.de">http://designers-inn.de</a>

sollte lieber das gewünschte Keyword (z.B. „WordPress Themes") verlinkt werden:

<a href="http://designers-inn.de">WordPress Themes</a>

Unser Trick ist, wenn möglich unsere LSI-Keywords als Ankertexte zu nutzen und damit unsere Webseiten innerhalb unserer gesamten Website zu strukturieren. Dazu ein Beispiel: Eine (zugegeben hässliche) Website mit einer (übertriebenen, aber) erfolgreichen internen Verweisstruktur ist: http://www.mikes-marketing-tools.com.

Dies ist eine Internet-Marketing-Webseite von Michael Wong. Michael Wong ist ein angesehener Suchmaschinen-Perfektionist, und so weiß er natürlich genau, was er tut, wenn es um die internen Verweise geht. Wenn wir einen Blick auf Michaels Webseite werfen, können Sie in der rechten Spalte sofort sehen, dass Links zu allen anderen Seiten innerhalb seiner Webseite gehen, und dies mit den wichtigsten Keywords, die er verwendet. Zudem versucht er, möglichst viele Keywords einer Themengruppen untereinander zu verknüpfen. Zum Beispiel hat er viele interne Seiten für verschiedene Internet-Marketing-Namen optimiert:

Armond Morin
Marlon Sanders
Corey Rudl, etc.

Wenn wir zum Beispiel auf den Link „Marlon Sanders" klicken, kommen wir zur Webseite, die für Marlon optimiert ist. Sie sehen sofort, dass Michael viele der OnPage-Optimierungsfaktoren benutzt hat, die Sie zuvor gelernt haben: Er hat „Marlon Sanders" in den Webseitentitel hinzugefügt. Er hat „Marlon Sanders" in <h1> Header-Tags gesetzt und das Wort „Marlon Sanders" fett geschrieben und in der gesamten Seite erwähnt. Das sind die Dinge, die man bei einer OnPage-Optimierung tun sollte, aber das allein ist nur ein Baustein, um Sie an die Spitze der Suchmaschinen zu katapultieren.

Lassen Sie uns schauen, welche Ankertexte er auf seiner Webseite benutzt. Dutzende Links verweisen von unterschiedlichen, themenrelevanten Seiten auf seine Webseite – und alle enthalten sie das wichtigste Keyword „Marlon Sanders". Spannend ist, dass viele Seiten, die auf Marlon Sanders verweisen, tatsächlich Seiten innerhalb der eigenen Website sind! Jede Webseite innerhalb der eigenen Site zählt als eine (kleine) Stimme. Denken Sie daran, je mehr Stimmen oder Links Sie für Ihre Webseite bekommen, desto besser ist dies für das Ranking. Schauen wir uns kurz die verwendeten Keywords an: Wir sehen die ersten zwei Begriffe sind „Sanders" und „Marlon". Diese Begriffe erscheinen insgesamt 139-mal in den Ankertexten der Links der Website, die allesamt auf die Website von Marlon Sanders verweisen.

Das Schöne daran ist: Diese Strategie lässt sich sehr leicht duplizieren und für Ihr eigenes Vorhaben nutzen. Die Chancen für gute Erfolge stehen gut, da dies mit Sicherheit kaum ein anderer macht!

b | Was Sie NICHT tun sollten ...

Lassen Sie uns einen Blick darauf werfen, was man NICHT tun sollte. Schauen wir uns die Seite www.marketopsinc.com an. Sofern diese nicht zwischenzeitlich optimiert wurde, ist dies eine typische, hübsch anzuschauende Webseite, die allerdings keinen Traffic bekommt, und nirgends in den Suchmaschinen zu finden ist. Können Sie einige der Dinge sehen, die falsch sind?

‣ Der Seitentitel (die URL) ist marketopsinc.com. Dies dient zu keinem Zweck. Niemand würde nach diesem Keyword suchen.
‣ Auch die Unterseiten enthalten keine Keywords.
‣ Sie verwenden keine <h1> Tags, Alt-Tags, Semantische-Tags, etc.
‣ Der Haupttext auf der Seite ist allein eine große Header-Grafik.
‣ In Bezug auf die interne Verlinkungs-Strategie können Sie sehen, dass Links nicht aus Text bestehen, sondern nur Grafiken sind. Dies dient keinem Zweck, sondern sieht nur hübsch aus. Es ist nahezu sicher, dass diese Website nicht für ein einziges Keyword gut in den Suchmaschinen gelistet wird.
‣ Gleiches Schicksal dürften alle Unterseiten teilen, die „Startseite", „Beratungsdienste", „Geschäftsprodukte", „Erfahrung" und

„Kontakt" heißen. Aus Sicht von Google behandelt diese Website also die Top-Themen: Startseite, Kontakt etc. Dies ist aus SEO-Sicht absolut unsinnig. Welcher Kunde sucht nach einem Wort wie „Startseite"?

Über Rank Checker stellen wir dann tatsächlich fest, dass diese Seite nirgends in den obersten 1000 Webseiten zu finden ist.

FAZIT: Denken Sie daran, dass es wichtig ist, Links auf die Unterseiten Ihrer Webseiten hinzuzufügen. Das, was wir aus Michael Wongs Webseite gelernt haben, sollten Sie auch tun: Verknüpfen Sie Ihre Seiteninhalte zu sinnvollen thematischen Themenblöcken.

c | Der Sitemap Creation Guide

Wir können interne Verlinkungen auch über eine Sitemap auf das nächste Level heben. Eine Sitemap ist im Grunde die Inhaltsangabe Ihrer Website, die die einzelnen Seiten und die behandelten Themen beschreibt. Eine Sitemap macht es dem Publikum einfacher, durch Ihre Website zu surfen, und den Suchmaschinen einfacher, die Websiteinhalte effektiv zu erfassen und zu listen. Sie können eine ganz einfache Sitemap designen oder eine komplex strukturierte, es liegt ganz bei Ihnen.

> Mein Tipp: Starten Sie mit einer einfachen Sitemap über Ihre Seiten und kreieren Sie nach und nach ein umfassendes Suchmaschinen-Navigationssystem, indem Sie eine Sitemap für Seiten, Artikel, Bilder und Videos einfügen. Auf diese Weise stellen Sie sicher, dass alle Haupt- und Unterseiten gleichermaßen gelistet werden können.

Sie sollten außerdem Ihre Sitemap in Kategorien unterteilen, wiederum immer unter dem Gesichtspunkt, dass diese Inhaltsangabe von Ihren Besuchern gesehen wird und nicht nur von Suchmaschinen. Machen Sie sie deshalb für Ihre Gäste allgemein verständlich, leicht zu handhaben und effektiv zu nutzen.

> Hier ein paar Sitemap Generator Optionen:
> https://www.xml-sitemaps.com/
> https://www.google.com/webmasters/sitemaps

Kurzanleitung zur Erstellung einer Sitemap:

- Besuchen Sie: https://www.xml-sitemaps.com/
- Geben Sie die URL Ihrer Website an
  (Beispiel: https://www.yourdomain.com).
- Geben Sie die Change Frequency Ihrer Website ein
  (also wie oft ein Update erfolgt).
- Belassen Sie den Rest, wie er ist, und lassen Sie das System die Site Map mit Standard-Einstellungen erstellen.
- Wenn das getan ist, downloaden Sie die „compressed XML sitemap (.gz)" und uploaden diese in das Hauptverzeichnis Ihres Servers oder Webhosters. Sie können die Text Datei mit einem Editor Ihrer Wahl öffnen und die Informationen updaten oder modifizieren, wenn das notwendig ist.
- Danach stellen Sie sicher, dass Sie in die Datei robots.txt (ich zeige im nächsten Abschnitt, wie Sie eine robot.txt erstellen) den Code einfügen, womit Sie den Spidern zeigen, dass Ihre Seite nun eine Site Map hat.

  > User-agent: *
  > # Enter the path to your sitemap here
  > Sitemap: https://www.yoursite.com/sitemap.xml.gz

- Als Nächstes gehen Sie auf die Seite
  https://www.google.com/webmasters/sitemaps
  und teilen dort mit, dass Sie eine Sitemap hinzugefügt haben.

d | Robots.txt

Die Datei robots.txt nimmt in einer SEO-Kampagne eine wichtige Rolle ein. Sie ist die erste Datei, deren Inhalt von den Suchmaschinen-Robots gelesen wird. Sie sollte also wichtige Informationen und Instruktionen für die Webcrawler enthalten, beispielsweise die Angabe des Pfades, wo die sitemap.xml zu finden ist. Vor allem können bestimmte Inhalte einer Webseite vor der Indexierung durch Suchmaschinen geschützt, einzelne Seiten für Ergebnislisten ausgeklammert, Links auf Seiten versteckt oder Bilder und Text in Vorschauen der Suchmaschinen unterdrückt werden. Auf diese Weise können beispielsweise E-Mail-Adressen oder Log-Files verborgen werden. Insbesondere wird das „Verstecken" von Inhalten dazu genutzt, um „doppelten Inhalt" zu vermeiden. Wird dem Besucher auf einer Website zum Beispiel eine Druckversion von allen Seiten zur Verfügung gestellt, würde die Suchmaschine dies als „doppelten Inhalt" werten. Mithilfe der robots.txt könnte nun das Verzeichnis der Druckversionen von der Indexierung ausgeschlossen werden.

> Wie Sie einen Robots Text erstellen:
> Rechter Mausklick auf Ihrem Desktop
> Anklicken: Neu
> Anklicken: Text Dokument
> Speichern Sie das Dokument als robots.txt

Schauen wir nun, wie wir der Suchmaschine sagen, was sie indexieren und was sie ignorieren soll. Öffnen Sie die Datei Robots.txt mit einem beliebigen Text-Editor und fügen Sie folgenden Code ein:

> User-agent: *
> Disallow:

Dieser Befehl gibt an, alle Dateien und Verzeichnisse zu durchsuchen. Wenn Sie Robots den Zugang zu Ordnern verweigern wollen, z.B. durch Statistiken zu crawlen, dann würden Sie die robots.txt Datei verändern, sodass sie etwa wie folgt aussieht:

```
User-agent: *
Disallow: /stats/
```

Darüber hinaus können Sie bestimmten Suchmaschinen verbieten, Ihre Webseite zu durchsuchen und zu registrieren. Alles was Sie tun müssen, ist, deren Namen in die Datei robots.txt einzufügen. Das würde dann so aussehen:

```
User-agent: Googlebot-Image
Disallow: /
```

Eine aktuelle Liste von Robot-Namen können Sie auf dieser Seite finden: http://www.robotstxt.org/orig.html

Sobald Sie diese Datei hochgeladen haben, können Sie überprüfen, ob alles korrekt gemacht wurde, indem Sie diese Seite besuchen:

http://tool.motoricerca.info/robots-checker.phtml

Falls Sie zusätzliche Hilfe brauchen, um Ihre robots.txt Datei zu erstellen, finden Sie die folgenden Quellen außerordentlich hilfreich:

http://www.robotstxt.org/robotstxt.html
http://www.seo-ranking-tools.de/ratgeber-robots-txt.html

Sobald Sie die Datei Robots.txt erstellt haben, laden Sie die Datei in das Hauptverzeichnis Ihres Servers (meist: httpdocs oder public_ html).

Woran Sie denken müssen: Jedes Mal, wenn Sie Ihre Sitemap aktualisiert haben, müssen Sie sie bei den Suchmaschinen neu vorlegen, damit sie über die Änderungen in Kenntnis gesetzt werden und ihre

Auflistungen updaten können.

Weitere Robot-Tags sind:

index/noindex

Die Seite wird/wird nicht indexiert. Durch das Entfernen von Webseiten aus den Suchergebnissen können Inhalte aus Suchergebnissen entfernt werden, die irrelevant sind, beispielsweise Login-Seiten, Datenschutzerklärungen, etc. Auf diese Weise wird der Fokus der Besucher auf die nützlichen Inhalte gelenkt.

follow/nofollow

Links sollen verfolgt/nicht verfolgt werden

noarchive

Mit diesem Befehl werden der Meta-Editor der Suchmaschinen (Google, Yahoo!, Bing, etc.) und Archive (Archive.org, etc.) aufgefordert, die Seite nicht in den Cache aufzunehmen und nicht zu kopieren.

Natürlich wird die Seite dennoch im Suchindex der Suchmaschine aufgenommen, die Inhalte der Website werden allerdings bei einer Suchanfrage neu ausgelesen.

nosnippet

Textauszüge werden in den Suchergebnissen unterdrückt.

Author-Archive

Befiehlt Autoren-Archive nicht zu indexieren, was ratsam ist, wenn eine Website von nur einem Autor gepflegt wird.

Suchseiten

Befiehlt den Spiders, nicht die Ergebnis-Seiten von Such-Funktionen innerhalb einer Website zu indexieren.

Category-Archive

Befiehlt den Spiders, Archive, die nach Kategorien sortiert sind, nicht zu indexieren. Das ist ratsam, wenn die Website keine Kategorien verwendet.

Comment Feeds

Befiehlt den Spiders, nicht die RSS Feeds zu indexieren, die für jeden Kommentar eines Beitrags bestehen.

Datenbasierte Archive

Befiehlt den Spiders, nicht Tag/Monat/Jahr der Archive anzuzeigen. Das ist insbesondere deshalb ratsam, da diese Angaben keinen oder nur einen sehr geringen Keyword-Wert haben.

Unterseiten der Homepage

Befiehlt den Spiders, nicht die Unterseiten einer Homepage anzuzeigen (Seite 2, Seite 3, etc.).

Tag Archive

Befiehlt den Spiders, nicht die Tag-Archive anzuzeigen. Das empfiehlt sich, wenn keine Tags benutzt werden.

User Login/Registration Seiten-URL

Befiehlt, User-Login und Registrations-Seiten zu ignorieren.

Informationen zu Bearbeitung der Datei robots.txt:
http://www.robotstxt.org/robotstxt.html

e | .htaccess

Vergleichbar zur Robots.txt arbeitet auch die Datei .htaccess. Mithilfe der .htaccess können suchmaschinenfreundliche URLs für dynamische Websites generiert oder fehlende Seiten umgeleitet werden. Beispielsweise kann ein nicht mehr existierendes Linkziel mit dem Status „301 moved permanently" versehen und die neue Adresse als neues Ziel definiert werden, ohne das Ranking der alten Seite zu verlieren. Auch können individuelle Fehlerseiten ausgegeben werden, beispielsweise statt der Fehlerseite „Fehler 404 page not found" eine Weiterleitung zur Startseite oder zur Sitemap eingerichtet werden.

HINWEIS: Bei der Bearbeitung dieser Datei ist unbedingt Vorsicht geboten: Der Code muss von den Webservern „verstanden" werden. Ist dies nicht der Fall, kann unter Umständen die gesamte Website deaktiviert werden.

Sie sollten immer einen FTP-Zugriff auf die .htaccess-Datei haben. Speichern Sie die „alte" .htaccess einmal ab, sodass Sie jederzeit die „alte" Datei per FTP hochladen können, um mögliche Fehler rückgängig machen zu können.

Informationen zu Bearbeitung der Datei .htaccess:
http://httpd.apache.org/docs/2.2/howto/htaccess.html

f | Rich Snippets

Unter Rich Snippets wird ein spezieller Code verstanden, der einzelne Beiträge bzw. Webseiten bestimmten Kategorien zuordnet. Enthält zum Beispiel eine Seite einen Testbericht, kann der Suchmaschine Mithilfe des Rich-Snippet-Codes mitgeteilt werden, dass die Bewertung des Produkts in den Suchergebnissen mit kleinen Sternchen (Star Rating) neben der Website dargestellt wird. Über diese Rich Snippets fallen die Inhalte der eigenen Website in den Suchergebnissen besser ins Auge, was dabei hilft, mehr Suchmaschinennutzer dazu zu bewegen, die eigene Website zu besuchen.

Informationen zu Rich Snippets:
https://de.wikipedia.org/wiki/Rich_Snippets

g | 404-Seiten optimieren

Bei der Arbeit mit einer Website entstehen beinahe zwangsweise Links, die auf gelöschte, umbenannte oder verschobene Seiten verweisen. Führt der Link auf eine solche Seite, erscheint als Suchergebnis eine 404-Fehlerseite. Dies ist nicht nur für den Benutzer unerfreulich. Es kann auch bei Suchmaschinen zur Abwertung der gesamten Seite führen. Ziel der Optimierung ist es also, alle Seiten einer Internetpräsenz auf „tote Links" zu überprüfen und sämtliche 404-Fehlermeldungen herauszufiltern. Diese Links können dann korrigiert werden, indem eine „Umleitung" auf die Adresse der neuen Inhalte hinterlegt wird (siehe Bearbeitung der Datei .htaccess).

Tipp: Für das Aufspüren defekter Links kann das kostenlose Tool „W3C Linkchecker" (https://validator.w3.org) verwendet werden.

h | Anker-Texte im Kontext

Wie wir gelernt haben, führen interne Links Suchmaschinen auf unserer Website herum, um sie besser indizieren zu können. Mit themenbezogenen Links zu vergleichbaren Artikeln bringen Sie die Spider auf die richtige Spur und stärken damit die Autorität ihrer gesamten Website! Für diese Links sollten Sie Anker-Texte benutzen, damit Sie zusätzliche Keywords gewinnen. Statt nur zu schreiben „besuchen Sie www.url.com", sollten Sie formulieren: „Downloaden Sie hier Ihren Gratis-Ratgeber SEO". Es ist wichtig, zwischen der Verwendung eines Direktlinks einerseits und der Anker-Texte, die Ihr Angebot beschreiben, sinnvoll auszubalancieren. Betten Sie Anker-Texte wenn möglich in einem sinnvollen Kontext ein. Der Link samt Anker-Text kann auch der Teil einer Phrase sein. Im obigen Beispiel könnte der Teil „Gratis-Ratgeber SEO" der Link samt Anker-Text sein.

Denken Sie auch hier daran, Ihre Inhalte für Menschen zu schreiben und stellen Sie sicher, dass Ihre Botschaft leicht zu verstehen ist.

i | Zwingen Sie Google, Ihre Keywords zuerst zu lesen!

Wussten Sie, dass Google Ihre Webseite von links oben nach rechts unten liest? Noch immer enthalten viele Webseiten links eine Spalte, in der all Ihre Navigationslinks enthalten sind. Google wird den ganzen Text in der linken Spalte zuerst lesen, bevor der Text der Webseite unter die Lupe genommen wird. Das ist nicht gut für uns, denn wir wollen, dass sich Google zuerst den Inhalt der Webseite anschaut! Wie kann man dies umgehen? Mit folgendem kleinen Trick kann man sicherstellen, dass Google zuerst den tatsächlichen Text der Webseite liest, bevor die linke Spalte der Navigation durchforstet wird: Wir erstellen einfach eine leere Zeile zu Beginn der linken Spalte. Damit schaut unsere Struktur wie folgt aus:

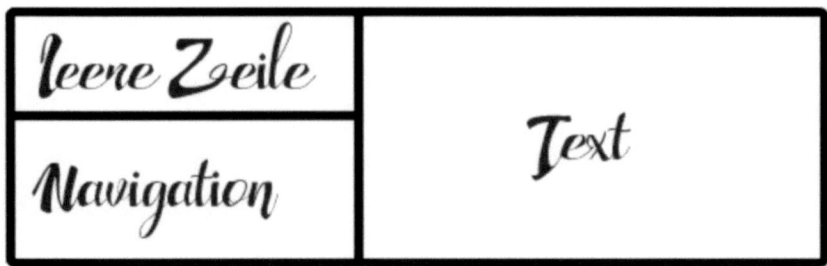

Auf diese Weise wird Google die oberste Zeile der linken Spalte zuerst lesen (die als leere Zeile übersprungen wird), dann wird Google den Inhaltstext Ihrer Webseite lesen und schließlich die 2. Reihe der linken Spalte, die Ihre Navigation enthält!

j | Quelltext zur Konkurrenzanalyse

Sie erinnern sich an den Grundgedanken, für unser Angebot immer perfekte Keyword zu ranken? Ein perfekte Keyword hatte ein gutes Suchvolumen bei wenig Konkurrenz, auch KEI genannt.

Mittlerweile haben wir die „Tags" und deren Bedeutung für das Ranking einer Website kennengelernt. Das Schöne ist, dass wir diese Tags auf jeder Konkurrenzseite einsehen können. Dies hilft uns, noch besser die Konkurrenz einzuschätzen.

Jede Webseite hinterlässt einen eindeutigen Code (Quelltext). Dieser Quelltext zeigt uns im Detail, wie gut die Konkurrenz ihre Seiten optimiert hat, mithin wie schwer oder leicht es wird, über die oben genannten Techniken unsere Seite besser als die Konkurrenz zu platzieren.

Um den (Html-)Text der Konkurrenten zu sehen, müssen Sie die Seite der Konkurrenz im Browser aufrufen und mit der rechten Maustaste möglichst am Rand „ins Leere" klicken. Im Kontextmenü finden Sie nun den Punkt „Seitenquelltext anzeigen". Sollte ihr Browser diese Funktion nicht anbieten, können Sie auch eine kostenlose Software (z.B. NVU-Kompozer) verwenden.

Hier finden Sie nun viele technische Details, die Sie aber ignorieren können. Wir halten gezielt nach folgenden Dingen Ausschau ...

Im Beispiel einer „Diät Website" prüfen wir:

‣ ob sich <h1>- und <h2>-Header-Tags mit Keyword (z.B. Gewichtsverlust) innerhalb der Top-Seiten bei Google befinden

‣ ob das Haupt-Keyword im title-Tag der Webseite auftaucht.

‣ ob der Description-Tag das Keyword enthält

‣ ob Keywords fett (strong) oder kursiv (em) eingebunden sind

‣ ob Links mit Keywords im Anker-Text eingebunden sind

‣ ob Alt-Tags bei Bildern verwendet werden

‣ ob das Keyword am Anfang/Ende der Webseite platziert ist.

Je nachdem, wie gut die Konkurrenz ihre Seiten optimiert hat, wissen wir jetzt, durch welche Optimierungen wir unsere Chancen verbessern können, um Platz 1 mit unserer Webseite zu erreichen.

SILO

....

a | Was ist eine Silo Structured Website?

Wie wir bisher gelernt haben, liebt Google gut aufbereitete Inhalte. Nun gehen wir noch einen Schritt weiter: Google liebt nämlich nicht nur gut aufbereitete Artikel, sondern vor allem perfekt aufeinander abgestimmte Beiträge. Die inhaltliche Nähe von einzelnen Seiten trägt zum Top-Ranking der ganzen Website bei. Die Rede ist von sogenannten „Silo Structured Websites". Unser Ziel ist es, mehrere Artikel zu einem Thema zu schreiben und diese „intelligent" untereinander zu verknüpfen. Um Ihnen dieses besser erklären zu können, stellen Sie sich bitte die Datenablage auf Ihrer Festplatte vor: Ihre Ordner sind wie in einer Baumstruktur geordnet: Der erste

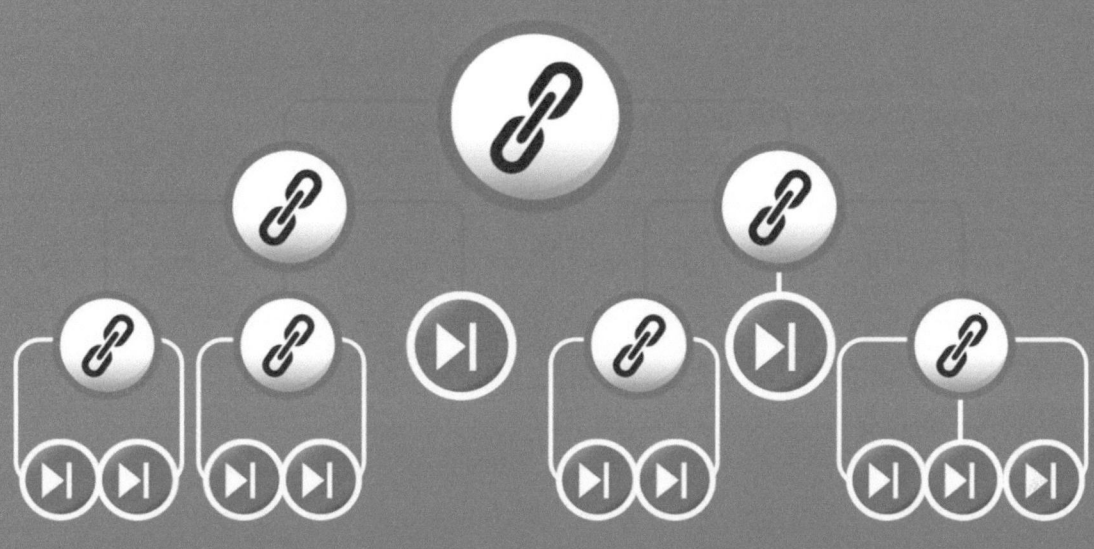

Ordner ist die Kategorie, der Unterordner enthält die Unterkategorien und in diesen Ordnern liegen die passenden Dokumente.

> Kurz: Alle Dateien sind streng hierarchisch abgelegt. Im englischen Sprachraum verwendet man den Begriff des Silos. Die Idee ist, dass man die Inhalte einer Website – wie bei der Silo-Aufbewahrung – ausdifferenziert gliedert.

In der Konsequenz bedeutet dies, dass nur die Seiten miteinander verlinkt werden, die einen engen thematischen Kontext haben. Das oft beobachtete wilde Querverlinken zu allen möglichen Artikeln der Website ist kontraproduktiv. Einige von Ihnen werden nun sagen, dass dieses Konzept nicht benutzerfreundlich ist. Immerhin sollte der Benutzer einer Website möglichst schnell zu jeder Unterseite einer Webpräsenz wechseln können. Dem kann ich entgegnen, dass der Suchende nicht „Alles" sucht und erst recht nicht Stunden damit zubringen möchte, fremde Seiten nach passendem Inhalt zu durchforsten. Der gemeine Besucher landet aufgrund eines konkreten Anliegens auf Ihrer Website. Die passenden Inhalte hat er sofort auf der Zielseite zu finden. Weiterführende Themen können und sollen hier gezeigt und verlinkt werden. Themenfremde Links sollten hingegen vermieden werden.

Wenn sich ein Kunde über Babynahrung informieren möchte, dann hat ein Querverweis zu Rennrädern auf dieser Seite nichts zu suchen.

Allein das umfassende Hauptmenü verlinkt die Inhalte interdisziplinär. Google ich klug genug, hier das Menü als solches zu erkennen und nicht als Teil des Textes zu berücksichtigen.

Sollten wir wirklich einmal innerhalb eines Artikels themenübergreifenden verlinken müssen, können wir den Befehl „nofollow" nutzen. Nofollow-Links werden nicht von den Robots berücksichtigt.

Okay. Gehen wir nun ins Detail. Ich zeige Ihnen jetzt, wie Sie eine Website sinnvoll verschachteln und untereinander verknüpfen. Kommen wir zur wirklich „hohen Kunst" der Suchmaschinenoptimierung. Lesen Sie die folgenden Zeilen mit besonderer Sorgfalt, da Sie nun absoluten Mehrwert lernen, der Ihnen einen Wettbewerbsvorteil gegenüber der Konkurrenz gibt.

Zuerst bilden wir Themenkategorien passend zu unseren Hauptthemen, unseren Primärkeywords. Zu jeder Kategorie bilden wir die passenden Unterseiten mit passenden Sekundärkeywords.

> WICHTIG: Vermischen Sie nicht die Inhalte
> aus verschiedenen Primär-Kategorien!

Als Linkstrategie verknüpfen wir innerhalb des jeweiligen Themenkomplexes und zurück zum Primär-Keyword der Kategorie. WICH-

TIG: Auch hier vermischen Sie nicht die Inhalte verschiedener Kategorien! Ich weiß, das Ganze klingt etwas kompliziert, wenn man es das erste Mal hört. Ich habe deshalb eine „technische Auflistung" der Seiten beigefügt, die Sie als Blaupause zur Struktur Ihrer Website nutzen können.

b | Blaupause: Silo-Guru-Trick

1. Suchen Sie die Primärkeywords zur Ihrer Webpräsenz:

Primärkeyword A

Primärkeyword B

Primärkeyword C

2. Suchen Sie zu jedem 3-5 passende Sekundärkeywords:

Primärkeyword A

    Sekundärkeyword A1
    Sekundärkeyword A2
    Sekundärkeyword A3

Primärkeyword B

    Sekundärkeyword B1
    Sekundärkeyword B2
    Sekundärkeyword B3

Primärkeyword C

    Sekundärkeyword C1
    Sekundärkeyword C2
    Sekundärkeyword C3

3. Schreiben Sie nun einen Hauptartikel zum Primärkeyword, dann zu jedem Sekundärkeyword einen weiteren Artikel, wobei Sie in jeden Artikel passende LSI-Keywords einstreuen:

HAUPTARTIKEL Primärkeyword A

    ArtIKEL 1: Sekundärkeyword A1

        LSI-Keywords zum Sekundärkeyword A1

    ArtIKEL 2: Sekundärkeyword A2

        LSI-Keywords zum Sekundärkeyword A2

    ArtIKEL 3: Sekundärkeyword A3

        LSI-Keywords zum Sekundärkeyword A3

HAUPTARtIKEL: Primärkeyword B

    ArtIKEL 1: Sekundärkeyword B1

        LSI-Keywords zum Sekundärkeyword B1

    ArtIKEL 2: Sekundärkeyword B2

        LSI-Keywords zum Sekundärkeyword B2

    ArtIKEL 2: Sekundärkeyword B3

        LSI-Keywords zum Sekundärkeyword B3

4. Verlinken Sie die Artikel wie folgt:

HAUPTARTIKEL A verlinkt zu Artikeln A1, A2 und A3. Und die Artikel A1, A2, A3 verlinken jeweils zurück zum HAUPTARTIKEL A

Zwischen den Artikeln der verschiedenen Silos (Kategorie A, B, C) gibt es keine Verlinkungen. Andernfalls würde die einheitliche Thematik des Silos verwässert werden. Der Suchmaschinen-Spider würde den Pfad der Silostruktur über diesen Link verlassen.

Ausnahme: Man kann von der untersten Ebene eines Silos zur Einstiegsseite des nächsten Silos verlinken („Artikel A3" zu „Hauptartikel B"), um Silos miteinander zu verknüpfen.

ONPAGE-PRAXISBEISPIEL

....

Okay, fassen wir das Gelernte in einem Praxisbeispiel zusammen. Im Folgenden zeige ich Ihnen, wie das Ändern eines einzelnen OnPage-Optimierungsfaktors einen Ranking-Sprung von mehr als 350 Positionen zur Folge haben kann. In unserem obigen Beispiel haben wir für unsere „Diät-Website" unsere 3 Haupt-Keywords ausgewählt:

‣ Gewichtsverlust
‣ Gewichtsverlust Ratgeber
‣ Der richtige Gewichtsverlust

Beachten Sie, dass alle Keywords das Wort „Gewichtsverlust" enthalten. Das macht die Dinge einfacher für uns, wenn wir unsere OffPage-Faktoren, die Sie später kennenlernen werden, optimieren. Lassen Sie uns jetzt unsere Webseite optimieren ...

a | URL optimieren

Als Erstes wählen wir einen Seitentitel für unsere Webseite. Der Seitentitel sollte aus den wichtigsten Haupt-Keywords bestehen. Google wird jedem Keyword dadurch mehr Aufmerksamkeit schenken. Unser Seitentitel sollte nicht so aussehen: „Willkommen auf unserer Webseite!" Es sollte auch nicht unsere Keywords in unnötiger Anzahl an Wörter enthalten: „Gewichtsverlust, der richtige Gewichtsverlust mit Ratgeber und die sichere Gewichtsabnahme." Obwohl dieser Titel nicht schlecht ist und alle wichtigsten Keywords enthalten sind, sollten wir die Wörter reduzieren. Ein möglicher Titel wäre für Ihre Webseite:

„Gewichtsverlust: Der richtige Gewichtsverlust-Ratgeber."

Sie sehen, ich habe alle Keywords miteinander kombiniert: „Der-Richtige-Gewichtsverlust" mit „Gewichtsverlust-Ratgeber". Versuchen Sie, Ihre Keywords wenn möglich zu kombinieren, um so die Gesamtzahl der Wörter in Ihrem Titel zu reduzieren! Google wird dennoch merken, dass alle drei Keywords in unserem Webseiten-titel vorhanden sind. Das Kombinieren von Keywords, um die Gesamtzahl von Wörtern im Webseiten-Titel zu reduzieren, ist ein guter Weg, um die Stärke jedes einzelnen Keywords hervorzuheben.

b | Header-Tag

Als Nächstes werden wir den <h1> Header-Tag hinzufügen und unser wichtigstes Keyword einfügen. Wenn Google eine Webseite liest, liest Google den Text von oben links bis unten rechts. So ist es sinnvoll, den <h1> Header-Tag oben links oder oben mittig auf der Seite zu platzieren. Sie können den Titel Ihrer Website als <h1> Header-Tag formatieren. Der HTML-Code würde wie folgt aussehen:

    <h1>Gewichtsverlust: Die Ruck-Zuck-Diät.</h1>

Hinweis: Wenn Sie einen HTML-Editor wie Dreamweaver verwenden, ist alles, was Sie tun müssen, die Überschrift zu markieren und aus dem Dropdown im Eigenschaften-Menü „Überschrift 1" zu wählen. Fertig. Fügen Sie ebenfalls <h2> Header-Tags der Seite hinzu. Diese können als Unterrubriken genutzt werden. Verwenden Sie auch im <h2> Header-Tag wichtige Keywords.

    Gute <h2> Header-Tags für unser Beispiel wären:
    <h2> Der Richtige Gewichtsverlust </h2>
    <h2> Der Gewichtsverlust-Ratgeber </h2>

Grundsätzlich ist es am besten, Primärkeyword im <h1>-Tag zu verwenden und Sekundärkeywords innerhalb der <h2>-Tags.

c | Content

Nachdem wir das Gerüst gebaut haben, müssen wir den Inhalt aufbauen. Wenn Sie Ihre Texte schreiben, versuchen Sie, gleichmäßig Haupt-, Sekundär- und LSI-Keywords im Text zu streuen. Wenn Sie Ihr Keyword wiederholen, sollte es nicht wie folgt aussehen: „Gewichtsverlust, der richtige Gewichtsverlust, wie ich eine Geschichte zum Gewichtsverlust gelesen habe, und eine andere Geschichte zur besseren Gewichtsverlust gelesen habe ..." Google wird Ihre Webseite als Spam behandeln und Sie werden nicht (gut) gelistet. Bemühen Sie sich, jedes Keyword in einer natürlichen Weise zu erwähnen. Ein kleiner Trick: Möglicherweise können Sie auch in den Copyright-Informationen am unteren Rand der Webseite das Hauptkeyword unterbringen.

> Für unser Beispiel wäre dies ein gutes Beispiel:
> © Copyright www.gewichtsverlust.de Gewichtsverlust Ratgeber.
> Beachten Sie aber, dass es nicht allzu sonderbar aussieht.

d | Semantisch auszeichnen

Sobald Sie den Text für unsere Webseite geschrieben haben, sollten wir ihn nochmals durchgehen und manche Keywords fett oder kursiv herausstellen. Aber bitte nicht übertreiben! Maximal einmal pro Seite.

e | Alt

Fügen Sie jetzt noch ein Bild mit richtigem Alt-Tag ein. Ein guter Platz für eine Grafik ist an der Spitze der Webseite direkt unter dem Titel. Dies ist normalerweise die Header-Grafik. Verwenden Sie die Alt-Tag mit dem Text (Gewichtsverlust-Header).

f | SILO

Zu guter Letzt prüfen wir, ob wir die „interne Verlinkung" unserer Artikel gemäß der Silo-Strategie optimiert haben.

Das waren nun die wichtigsten Schritte der OnPage-Optimierung. Mit der richtigen Auswahl der Keywords werden Sie bereits jetzt ein äußerst gutes Ranking erhalten.

OffPage SEO

Herzlichen Glückwunsch! Wir haben die Hälfte der Suchmaschinenoptimierung erfolgreich abgeschlossen. Allein mit diesen Maßnahmen sollte ihr Ranking bereits kräftig nach oben schnellen! Die OnPage-Optimierung ist relativ einfach umzusetzen und lässt wenig Raum für Entschuldigungen, die besprochenen Elemente nicht in jede Website zu integrieren.

Schauen wir nun, mit welchen Maßnahmen eine Webseite endgültig zur Spitze von Google ansteigt: mit der richtig geplanten OffPage-Optimierung ist das möglich! Im Prinzip ist alles sehr unkompliziert und kann von jedem umgesetzt werden.

Also, was ist eine OffPage-Optimierung? Mit OffPage-Optimierung werden alle Optimierungsmaßnahmen bezeichnet, die nicht auf der Webseite selbst stattfinden, sondern durch Maßnahmen „von außen" wirken. Die zentrale Aufgabe der OffPage-Optimierung ist das gezielte Setzen von externen Links, die auf die beworbene Webseite verweisen, Backlinks genannt. Backlinks stärken eine Domain im Ranking der Suchmaschinen. Dabei können die Links aus Einträgen in Webkatalogen, Webverzeichnissen, Foren oder Gästebüchern und Social Media erfolgen. Ebenso ist der direkte Linktausch mit anderen Webmastern oder der Kauf von Backlinks denkbar.

Bei den Backlinks betrachten wir:

‣ Welche Webseiten sich zu Ihnen verlinken.
‣ Die Zahl von Webseiten, die sich zu Ihnen verlinken.
‣ Die Autorität der Webseiten, die sich zu Ihnen verlinkt.

- Der Inhalt der Webseiten, die sich zu Ihnen verlinkt.
- Der Ankertext, der bei Verlinkungen verwendet wird.
- Die Anzahl und Art von Backlinks und Anzahl von Ausgangslinks auf der Webseiten, die sich zu Ihnen verlinkt.
- Gesamtzahl von Verlinkungen auf der Website, die sich zu Ihnen verlinkt.
- Ob die Webseiten, die sich zu Ihnen verlinken, von Google als Autoritäts-Webseiten gehandelt werden.
- Die IP-Adresse der Webseiten, die sich zu Ihnen verlinken.

OffPage-Optimierung kann recht komplex werden. Wir werden mehr Anstrengung aufbringen müssen, um die Zahl und Qualität der zuführenden Links zu bekommen und zu verwalten. Aber keine Sorge ... so schwer ist es auch nicht!

WIE WICHTIG IST DIE OFF-PAGE-OPTIMIERUNG?

....

Link-Building ist ein bedeutender Aspekt der Suchmaschinenoptimierung. Es ist höchst unwahrscheinlich, dass Sie sich an einem Top-Ranking in Suchmaschinen erfreuen werden, ohne Backlinks zu Ihrer Website zu haben – erst recht, wenn Ihre Keywords eine hohe Mitbewerberdichte aufweisen. Kurzum: Suchmaschinen legen viel Wert auf Verlinkungen! Wenn viele Websites auf Ihre Inhalte verweisen, ist das für Google ein Anhaltspunkt, dass Ihre Website gut sein muss. Denn wenn viele Internetnutzer Ihre Website empfehlen, dann MUSS Ihre Website einen guten Inhalt haben. Google beginnt also, Ihnen als Autorität zu vertrauen, und belohnt Sie mit verbessertem Ranking: Es ist nicht leicht, viele Links zu bekommen, besonders wenn Ihre Website neu ist. Sie müssen unter Umständen hart dafür arbeiten. Immer wieder taucht die Frage auf, wie wichtig eine OffPage-Optimierung ist. Nun, hier streiten sich die Experten. Nach meiner Meinung kann eine Website mit gutem Inhalt, der gut intern verlinkt ist, ein sehr gutes Ranking haben und sich überdies gut in den Suchergebnissen halten – und zwar unabhängig von den ständigen Google Updates. Dies bedeutet allerdings nicht, dass wir gar keine Links von außen benötigen. Auf der anderen Seite lässt sich nicht wegdiskutieren, dass gut verlinkte Seiten ebenfalls extrem gut im Ranking sind. Ein Beispiel: Wir analysieren die auf Top 1 eingeordnete Webseite für den Suchbegriff „hier klicken". Sie werden vermutlich sehen, dass die bestplatzierte Webseite http://get.adobe.com/de/flashplayer/ ist. Das ist interessant! Warum sollte Adobe Platz 1 für diesen Suchbegriff haben? Schauen wir uns die Webseite unter dem Gesichtspunkt der OnPage-Optimierung genauer an:

‣ Das Wort „hier klicken" ist nicht im Seitentitel
‣ Das Wort „hier klicken" ist nicht in der URL der Webseite.
‣ Das Wort „hier klicken" ist nicht einmal in der von Google aufgelisteten Beschreibung!

Wir erinnern uns: Keyword Dichte, Keyword Popularität, Keyword Häufigkeit, semantisches Auszeichnen wie Fett, Kursivschrift, Unterstreichen. All diese Dinge sind wichtig, um sich mit seinem ausgesuchten Keyword in den Suchmaschinen einzuordnen. Und nichts davon trifft hier zu! Warum rankt Adobe trotzdem oben in den Suchergebnissen? Es ist wegen der extrem umfangreichen Verlinkungen zu dieser Website!

‣ Die Analyse zeigt: Webseiten, die sich mit Adobe verlinken, haben eine hohe Autorität. Die Worte „klick" und „hier" werden unter den Top 10 Worten aufgeführt. Beispiel: „Klicken Sie hier, um Adobe Acrobat Reader herunterzuladen"

Fazit: Wer Top-Platzierungen erreichen möchte, sollte starke Linkpartner haben. Nun sind wir nicht Adobe und werden nicht unzählige Top-Seiten dazu bewegen, sich mit uns zu verlinken. Müssen wir auch nicht: Denn wir setzen auf eine gute Kombination aus OnPage- und OffPage-Maßnahmen, was den gleichen Effekt hat.

ALLGEMEINES ZUM LINK-BUILDING

Wie kommen wir an Links zu unserer Website, den sogenannten Backlinks? Eine einfache Möglichkeit, Backlinks zu generieren, ist der Linktausch mit anderen Webmastern. Bei einer Linkpartnerschaft sollte allerdings darauf geachtet werden, dass die Inhalte thematisch zueinander passen. Linkpartnerschaften mit großen Portalen, die unkontrolliert hunderte oder tausende Linkpartnerschaften eingehen, sollten vermieden werden. Entsprechende Portale nutzen oft Spammethoden oder Doorways, was sich negativ auf das Ranking auswirkt. Vor allem nützen nur Backlinks dem Ranking, die von Suchmaschinen auch ausgelesen werden. Links, die über JavaScript, PHP oder CGI-Scripte generiert werden, haben keine Wirkung im Bezug auf das Ranking einer Website. Gleiches gilt für Foren, die den nofollow-Tag nutzen, da dieser zur Bekämpfung von Forenspam sämtliche Backlinks vor den Suchmaschinen versteckt. Einer der guten Webkataloge ist hingegen das DMOZ. Bevor ein Link in das Verzeichnis aufgenommen wird, wird dieser ausführlich auf seine Qualität überprüft. Aufgrund der manuellen Qualitätskontrolle werden Links aus DMOZ von Suchmaschinen sehr hochwertig eingestuft, wodurch sich ein Backlink von dieser Website positiv auf das Ranking der Webseite auswirkt. Suchmaschinen bewerten Links von angesehenen Seiten höher als solche von neuen oder unbekannten Seiten. Dementsprechend sollten sich Ihre Anstrengungen auf Verlinkungen von Seiten konzentrieren, die von den Suchmaschinen bevorzugt werden. Sie müssen also Links von Qualitätsseiten bekommen.

Führen zu Ihnen Links von Websites, die zu Ihrer eigenen Nische gehören oder die als Autoritäten gelten, dann zählen sie als höherwertige Backlinks als solche, die von zahllosen Webverzeichnissen kommen, in die Sie Ihre Website eingetragen haben, welche aber nicht speziell auf Ihren Markt abzielen. Und nicht nur das: Zu viele Links von themenfremden Webverzeichnissen können rasch als Link-Spamming angesehen werden, was ihrem Ranking sogar schadet! Das bedeutet für uns, dass Sie das Erzeugen von tausenden Backlinks aus Online-Katalogen oder von Kauf-Links, die nicht auf dieselbe Nische fokussieren, vermeiden sollten. Sie sollten sich auf Links von sachbezogenen Websites konzentrieren, Sites, die in Ihrer Marktnische angesiedelt sind und ähnlich in Content und Thematik sind. Zusätzlich sollten Sie mit jedem Link einen „Anchor Text" verwenden, wie ich das zuvor bereits erläutert habe. Beispiel: Wenn ein Blog oder eine Website zu Ihnen verlinkt, dann bieten Sie einen Link nicht so dar:

<a href="http://www.yoursite.com">Domainname</a> sondern:
<a href="www.yoursite.com"> Ein relevantes Keyword</a>

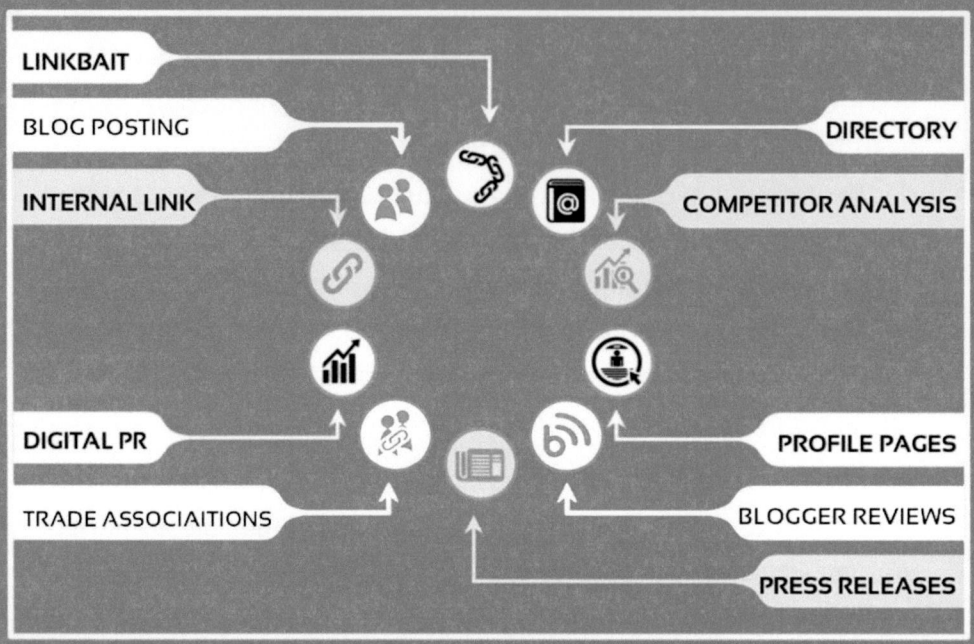

WIE SIE VERLINKUNGEN ZU IHRER SEITE BEKOMMEN.

....

Seien Sie nicht entmutigt, wenn Ihre Website noch nicht genug Backlinks aufweist. Es gibt mehrere Wege, wie Sie an wichtige Verlinkungen kommen.

a | Link-Tausch

Link-Tausch ist ein einfacher Weg, um gut bei Google gelistet zu werden. Als Erstes suchen wir „relevante Links" aus Sicht von Google. Dazu nutzen wir die Erfahrung der Konkurrenz (man muss es sich ja nicht schwerer machen, als es ist). Wir gehen also zu Google und geben den Link der Website unseres Konkurrenten im Browser ein: www.TOP-KONKURRENT-WEBSITE.de

Auf diese Weise sehen wir eine Liste von Webseiten, die sich mit unserem Widersacher verlinken. Sobald Sie diese Liste sehen, können Sie auf jede einzelne Webseite klicken. Durchsuchen Sie die Webseiten nach einer Kontakt-E-Mail-Adresse, über die Sie sich mit dem Webmaster in Verbindung setzen können. Öffnen Sie Ihr E-Mail-Programm und schreiben Sie eine E-Mail mit der Frage, ob der Websitebetreiber Interesse hat, einen Link zu Ihrer Webseite zu setzen. Schreiben Sie kurz, professionell und mit Überzeugungskraft, dann werden sich auch einige Webmaster bei Ihnen melden.

Hier eine Vorlage zur Linkanfrage per E-Mail:

Hallo Herr/Frau XY,
mein Name ist Max Mustermann und ich bin auf der Suche nach Link-Partnern zu meiner Website „XYZ". Ich habe festgestellt, dass ihre Website hervorragend zu meinen Kunden passt (Thema a, Thema b) – und wir unseren Besuchern zusammen einen echten Mehrwert bieten können. Ich habe bereits auf meiner Website eine Verlinkung zu Ihrer Webseite hinzugefügt: http://www.XYZ.de/artikel
Ich setze mich hiermit mit Ihnen in Verbindung um nachzufragen, ob diese Verlinkung für Sie akzeptabel ist. Außerdem würde ich mich freuen, wenn auch Sie einen Link zu meiner Seite setzen. Wenn ja, verwenden Sie bitte die unten stehenden Details und senden Sie mir die Position unserer Verlinkung auf Ihrer Webseite zu.

Verlinkung Details:
Ankertext: Diät-Information
Beschreibung: Beschreibung hier ...
URL: http://www.domain.de/

Im Voraus bedanke ich mich für Ihre Mühen und freue mich,
bald von Ihnen zu hören.
Max Mustermann

So, das war es eigentlich schon. Dazu noch eine kurze Anmerkung:

Ankertext: Der Ankertext, den wir für unsere Verlinkung verwenden, sollte so gut wie möglich zum Suchbegriff passen.

Beschreibung: Das ist die Beschreibung Ihrer Webseite. Da kann eigentlich irgendetwas hineingeschrieben werden, aber Sie sollten darauf achten, dass sinnvolle Texte genutzt werden. Dadurch kann es möglich sein, dass Besucher auf ihre Webseite aufmerksam werden, und so werden Sie bei den Suchmaschinen populärer.

URL: Das ist die genaue ZIELADRESSE der Webseite, für die Sie versuchen, sich gut zu positionieren.

So, diese E-Mails schicken Sie nun allen Webseitebetriebern, die sich in der Liste befinden. Ja, es stimmt, es nimmt Zeit in Anspruch, aber es ist wirklich wichtig, dass so viele Webseiten wie möglich zu Ihnen verlinken. Sonst wird es schwer, sich optimal in den Suchmaschinen zu positionieren. Übrigens kann man den Spaß auch automatisieren. Ich nutze Link-Assistant. Mit diesem Tool kann man mit einem Klick tausende Webseiten kontaktieren!

Abschließender Tipp: Es ist ratsam, dass Sie zuerst einen Link
VON Ihrer Webseite hinzufügen, bevor Sie mit den Leuten in

Kontakt treten. In der E-Mail sehen sie die URL, wo Sie ihren Link eingefügt haben. Sie bekommen so deutlich bessere Ergebnisse.

b | Achtung, Link-Spamming!

Die Frage ist nun: Wohin mit all den ausgehenden Links? Was ist der beste Weg, Verlinkungsseiten zu erstellen? Sie sollten ein Maximum von 10 Verlinkungen zu anderen Webseiten auf einer einzelnen Verlinkungsseite platzieren. Versuchen Sie daher, Verlinkungsseiten mit Themen zu erstellen.

Zum Beispiel: Sie haben eine Sportverlinkungsseite erstellt und eine Geschäftsverlinkungsseite. Verlinken Sie nur Geschäftswebseiten von der Geschäftsverlinkungsseite und so weiter. Jede Verlinkungsseite würde ein Maximum von 10 Verlinkungen haben. Wenn Sie mehr Verlinkungen hinzufügen müssen, erstellen Sie eine neue Verlinkungsseite.

Zurück zur Verlinkungsbitte der E-Mails: Sie müssen sorgfältig sein, wenn Sie eine Masse an E-Mails an Leute versenden. Im besten Fall personalisieren Sie jede E-Mail, indem Sie einfach sagen, was ihnen an der jeweiligen Website gefallen hat. Zum Beispiel könnte man sagen, dass man die Website besucht und einem der Artikel XY gefallen hat.

> „Ihre Webseite hat viele exzellente Artikel zum Thema XY. Ich möchte Sie fragen, ob Sie gerne usw."

Es nimmt ein wenig mehr Zeit in Anspruch, aber dieser Weg wird sicherstellen, dass ihnen a) kein SPAM vorgeworfen wird und Sie b) nicht wertvolle Kontakte verbrennen.

Fertig: Das ist alles, was Sie tun müssen! Lehnen Sie sich zurück und warten Sie, bis eine E-Mail an Sie zurückkommt. Jetzt haben Sie die volle Kontrolle darüber, was mit ihren Links passiert!

c | Eintragungen in Webkatalogen

Früher hieß es: Wann immer Sie eine neue Seite ins Netz stellen, ist es stets eine gute Idee, sie in so viele Webkataloge wie möglich einzutragen. Solche Verzeichnisse enthalten sowohl Links als auch kurze Beschreibungen von Websites. Nun, dieser Weg ist heute mit Vorsicht zu gehen. Achten Sie genau darauf, in welche Verzeichnisse Sie sich eintragen! Es sollte einen thematischen Bezug haben und keinesfalls eine Linkfarm sein!

Dennoch: Backlinks aus Verzeichnissen können sinnvoll sein. Der große Vorteil von Eintragungen in Webkataloge ist, dass sie oft einen hohen Page Rank haben. Daher wird eine Verlinkung von solchen Seiten aus Suchmaschinen-Sicht ganz gut bewertet. Es gibt tatsächlich Hunderte solcher Kataloge, in die Sie sich eintragen können und von denen Sie Dauerlinks erhalten. Die meisten sind kostenlos, aber manche verlangen eine Gebühr, um Ihre Website vorzustellen. Wenn Sie knapp bei Kasse sind, nehmen Sie Eintragungen nur in den kostenfreien Webkatalogen vor. Der Vorteil von bezahlten Katalogen ist, dass sie Ihre Website-Anmeldung schneller genehmigen. Alle Webkataloge und Webverzeichnisse hier aufzuführen, ist schier unmöglich – es sind einfach zu viele. Sie können sie aber über jede Suchmaschine sehr leicht ausfindig machen, indem Sie einfach die beiden vorgenannten Suchbegriffe eingeben: „Webkataloge" und „Webverzeichnisse".

d | Pressemitteilungen schreiben

Dies ist eine beliebte Strategie, um Links zu bekommen. Es gibt jede Menge Pressemitteilungs-Portale im Internet. Sie müssen dazu nur einen Artikel schreiben, der einen Bezug zum Thema Ihrer Website hat und diesen bei den Presse-Verzeichnissen einreichen. Im Kontext sollten Sie einen Link mit Ankertext einbauen. Zudem können Sie am Ende Ihrer Mitteilung einen Link zu Ihrer Website einfügen. Durch das Schreiben eines Fachartikels, den Sie z.B. bei 100 populären Pressemitteilungsdiensten einreichen, können Sie 100 bis 200 Links zur Ihrer Website bekommen. Wie gesagt: mit nur einem Artikel! Allerdings muss man hier noch anmerken, dass auch Google diese Strategie kennt und zunehmend Links aus Artikelverzeichnissen in der Wirkung abstuft. So mögen nicht sämtliche Links von Google hoch bewertet werden, aber selbst wenn es nur 10 Links sind, ist das ein gutes Schnäppchen, nicht wahr?

> Einige deutschsprachige Pressemitteilungs-Portale:
> www.presseportal.de
> www.openpr.de (1-3 PM täglich)
> www.pressemitteilung.ws
> (nahezu unbegrenzt, bei Google, Netzeitung sichtbar)
> www.firmenpresse.de
> www.news4press.com

e | Foren-Marketing

Ein schneller Weg, zuführende Links von relevanten Websites zu erhalten, ist die Teilnahme an Online-Foren. Foren sind ein guter Ort, um Menschen zu treffen, die Antworten auf spezielle Fragen oder Probleme suchen. Dies ist bei weitem die einfachste und effektivste

Methode, um zum einen den Bekanntheitsgrad zu maximieren, sich selbst als Fachmann in Ihrem Bereich auszuzeichnen und schnell ein gutes Ranking in Suchmaschinen zu erzielen. Der erste Schritt ist, Message Boards und Foren zu finden, die Ihren Markt behandeln. Sie suchen dazu in Google:

nische+forum **oder** nische+board

Sie können auch die deutschsprachigen Foren besuchen:

http://forum.wordpress-deutschland.org/
http://www.forum.brights-deutschland.de/

Es gibt natürlich weitaus mehr Foren, vor allem Spezial-Foren. Ergoogeln Sie sich Ihre passende Nische. Versuchen Sie aber, sich nur auf „aktive Foren" zu konzentrieren, das bedeutet Foren mit einer lebendigen Gemeinschaft und mit vielen Mitgliedern, welche häufig posten. Diese Foren sind ein erstklassiger Marktplatz für zielgruppengerechten Traffic. Zudem können Sie Foren benutzen, um Untersuchungen für Ihre Nische durchzuführen. Schauen Sie, wonach Leute suchen, wofür sie Hilfe brauchen und was sie bereit sind zu zahlen. So bekommen Sie einen Marktüberblick für Ihre Produkte und Leistungen, aber auch für die nächsten Themen ihres Blogs.

Grundsätzlich sollte Ihr Ziel sein, so aktiv wie möglich zu sein, damit Ihr Profil im Forum höchste Beachtung findet. Natürlich vermeiden Sie Spam, stattdessen liefern Sie Qualität in Bezug auf Material, Ratschlag, Tipps. Forum-Marketing ist eine passive Vermarktungstaktik. Engagieren Sie sich niemals in einem Forum, um nutzlose Threads zu posten, nur um Ihren Post Count zu erhöhen. Die Leute durchschauen dies rasch und Sie laufen Gefahr, schon bald aus der Community ausgeschlossen zu werden. Mit der Zeit wird Ihr Post

Count natürlich wachsen und Sie werden immer mehr Traffic sowie einen höheren Bekanntheitsgrad für Ihre Website und Ihre Produkte erhalten. Sie könnten auch in Betracht ziehen, ein eigenes Forum zu hosten; dazu gibt es kostenlose Forum-Software, wie z.B.

http://www.phpbb.com/ oder http://bbpress.org/

Auf diese Weise können Sie sich auf das Wachstum Ihrer eigenen Community konzentrieren, targetierte Listen aufbauen und Traffic auf Ihre Website kanalisieren. Es ist eine großartige Möglichkeit, eine Marke zu etablieren und sich selbst einen Namen als Autorität auf Ihrem Gebiet zu machen. Sie können nicht nur Ihre Website in Ihrem Forum-Profil promoten, sondern Sie werden auch in der Lage sein, neue Produkte auszuloten, die Sie aufgrund der bestehenden Fragen und Diskussionen kreieren.

f | Gastschreiben

Dieses Konzept, halte ich für den wirkungsvollsten Weg, um an gute Backlinks zu kommen. Es gibt eine Reihe von Blogs und Websites, welche Gastartikel von anderen Leuten akzeptieren. Viele Blogs und Portale müssen ständig Unmengen von Content produzieren, um ihren guten Ruf aufrechtzuerhalten und stetig neue Besucher anzuziehen. Es dürfte einem kleinen Team oder gar einer Einzelperson nicht möglich sein, selber so viel Content zu schreiben. Indem Sie für solche Websites schreiben, erzielen Sie zwei riesige Vorteile: Zunächst können Sie Ihren Link im Rahmen eines qualitativ hochwertigem Umfelds setzen. Dann machen Sie sich in kurzer Zeit einen Namen in Ihrer Nische. Bedenken Sie: Es handelt sich gewöhnlich um stark besuchte Websites. Wenn diese Ihren Facharktikel veröffentlichen, wird er von sehr vielen Menschen gelesen.

Um von guten Seiten akzeptiert zu werden und um sich einen guten Ruf zu erarbeiten, müssen Sie Artikel von höchster Qualität einreichen. Ihre Fachartikel sollten besser sein als diejenigen, die Sie an Presseportale schicken. Sie sollten gut recherchiert und geschrieben sein, und das Thema sollte breite Beachtung finden. Wenn Sie das schaffen, dann könnte diese Strategie die Abkürzung zu mehr Traffic sein.

Die Vorteile von Gastbeiträgen liegen auf der Hand:

‣ Anders als Werbeanzeigen kosten Gastbeiträge nichts.
‣ Mit Gastbeiträgen erreicht man eine Vielzahl möglicher Kunden, die einen sonst nie kennengelernt hätten.
‣ Bei Themenblogs schreibt man direkt für potenzielle Auftraggeber, die bereits für Ihre Produkte/Leistungen sensibilisiert sind.
‣ Mit Gastbeiträgen baut man mit erfolgreichen Bloggern ein Netzwerk auf, welche bei der Promotion helfen.
‣ Ein guter Gastartikel mit Link zur Website kann quasi automatisch 50, 100 oder mehr Besucher auf die Website spülen.

Die behandelten Methoden sind nur ein paar Wege, wie Sie schnell Links zu Ihrer Website erzeugen. Seien Sie nicht verzagt, wenn Sie Leute sagen hören, wie schwierig es ist, gute Backlinks zu Websites zu bekommen. Wenn Sie die oben gezeigten Ratschläge befolgen, können Sie vermutlich schon jetzt die meisten Konkurrenten an Backlinks übertrumpfen.

FACHARTIKEL MARKETING

....

Eine weitere Möglichkeit, die Anzahl der Links auf Ihre Webseite zu erhöhen, ist das Schreiben von Fachartikeln. Diese Fachartikel können über andere Websites publiziert werden (siehe Gastartikel), aber auch an ausgewählte Artikelverzeichnisse geschickt werden. In der Fußzeile zu jedem Artikel sollten Sie einen Ankertext und einen Link zurück zu Ihrer Webseite einfügen – natürlich inklusive Ihrer wichtigsten Keywords. Dies ist eine großartige und vor allem schnelle Möglichkeit, Links auf Ihre Webseite zu bekommen. Ein Vorteil ist zudem, dass wir hier von A1-Weg-Links sprechen, also Links zu Ihrer Webseite, die nicht zur Quelle zurück verlinken. Google stuft A1-Weg-Links wichtiger als Wechsellinks ein (siehe Link-Tausch). Sie sollten achtgeben, mehr A1-Weg-Links für Ihre Webseite zu bekommen als Wechsellinks.

> TIPP: Eine Liste von guten Artikelverzeichnissen finden Sie auf der folgenden Webseite: http://www.nxplorer.net/Artikelverzeichnisse.html

Wenn Sie nur 15 Minuten pro Tag in gute Links investieren, ist das ausreichend, um im Laufe von wenigen Monaten einen sehr guten Rang für ihr Keyword zu bekommen. Es spielt keine Rolle, wie Sie vorgehen, um Links zu erhalten. Die einzige Frage ist, wann Sie mit Ihrer Backlink-Strategie beginnen. Unterscheiden sollte man noch Artikelverzeichnisse und Webkataloge. Grundsätzlich bewerten Suchmaschinen Backlinks von Artikelverzeichnissen höher als von Webkatalogen. Der Hauptgrund ist, dass die Verlinkung aus einem Umfeld mit Themenrelevanz kommt. Außerdem wird großer Wert darauf gelegt, dass eine Website Links von vielen unterschiedlichen IP-Adressen aufweist.

> HINWEIS: Zu viele Backlinks von Webkatalogen können überaus kontraproduktiv sein, da dies als „Link-Spamming" eingestuft werden kann.

Platzieren Sie also Ihre Fachartikel auf thematisch passenden Websites. Ein weiterer Vorteil von Artikelverzeichnissen gegenüber Webkatalogen ist, dass auf den einzelnen Unterseiten nur wenige externe Links vorhanden sind. Das hat zur Folge, dass eine Verlinkung von hier für Ihr Ranking deutlich höher bewertet wird. Mit Fachartikel-Marketing können Sie sachdienlichen Content bei entsprechenden Portalen einreichen, einen Link zu Ihrer Website implementieren, für spezielle Keywords gelistet werden, frischen Traffic generieren und Ihre Außendarstellung verbessern. Behalten Sie jedoch immer im Kopf, dass Ihre Beiträge wirklich original sind.

Wenn Sie diese Methode benutzen, um Ihre Leser zu fesseln und Ihre Bekanntheit zu steigern, dann nur mit relevantem und qualitativ hochwertigem Material. Wann immer Sie einen Fachartikel verfassen, sollten Sie diese fünf Elemente berücksichtigen:

a | Die Überschrift

Genau wie bei einer Verkaufsseite muss die Überschrift Aufmerksamkeit erregen und den Leser veranlassen weiterzulesen. Da in vielen Artikel-Katalogen nur Ihre Überschrift in den Suchergebnissen gezeigt wird, müssen Sie dafür sorgen, dass sie hoch targetiert ist, mindestens ein Hauptkeyword enthält und auf das Thema fokussiert.

b | Die Kurzfassung

Auf Fachartikel-Portalen ist oftmals eine Artikel-Kurzfassung mit der Überschrift verbunden. Das bedeutet, dass User in den Suchergebnissen ein kurzes Resümee Ihres Artikels sehen können, bevor sie den eigentlichen Beitrag anklicken und den gesamten Inhalt lesen. Sie müssen also Ihren Artikel in einem Absatz interessant zusammenfassen, sodass der Leser motiviert ist, auf den Link zu klicken, der zum kompletten Fachartikel führt.

c | Die Handlungsaufforderung

Wie bei Verkaufsseiten müssen Sie eine direkte Aufforderung („Etwas Bestimmtes zu tun") einbauen. In unserem Fall meist auf den Link zu Ihrer Website zu klicken.

Dieser sogenannte Call to Action (CTA) sollte ein Angebot für zusätzliche kostenlose Informationen beinhalten. Seien Sie vorsichtig, Ihre Leser nicht fehlzuleiten! Sie sollten immer zu Seiten leiten, welche sachbezogene Informationen enthalten, die Ihren Originalartikel ergänzen.

d | Ankertext

Bei Gastartikeln können Sie in der Regel eine Autorenbox zur Verfügung stellen. Nutzen Sie diese Möglichkeit, um einen weiteren Link samt Ankertext einzubinden. Statt einen direkten Link zu Ihrer Website-URL zu posten, sollten Sie Ihr Hauptkeyword verwenden, um zu Ihrer Website zu verlinken.

e | Ressourcenbox

Um eine Ressourcenbox (Autoren-Profil) effektiv zu gestalten, stellen Sie Informationen über sich und Ihr Angebot zur Verfügung. Wenn Sie ein Experte auf Ihrem Gebiet sind, sollten Sie das hervorheben und Ihre Leser ermutigen, Ihre Seite für weitere Informationen zu besuchen. Stellen Sie die Vorteile heraus, wenn man Ihre Seite besucht. Das ist Ihre letzte Gelegenheit, Traffic auf Ihre Website zu lenken und Ihren Fachartikel für Sie arbeiten zu lassen.

> TIPP: Erstellen Sie 10-15 Fachartikel, welche auf Ihren Primärmarkt zugeschnitten sind. Diese Artikel sollten solide Informationen enthalten, aber gleichzeitig Ihre Leser wünschen machen, noch mehr von Ihnen lesen zu wollen.

f | Neugierig machen

Artikel, die eine Struktur vorgeben (z.B. „Die 10 besten Fettverbrennungs-Strategien") laufen immer gut. Machen Sie neugierig, aber geben Sie nicht zu viele Informationen preis. Ihre Leser sollen ja für mehr Informationen auf den Link zu Ihrer Website klicken. Je mehr Artikel in Umlauf sind, desto größer die Chance, gesehen zu werden. Obwohl Quantität nicht der wichtigste Faktor ist, ist es empfehlenswert, ein Artikel-Marketing-System zu schaffen, das alle 5-7 Tage frischen Content produziert. Am Ende des ersten Quartals sollten Sie rund 15 bis 20 Artikel bei den fünf Artikelverzeichnissen und Datenbanken veröffentlicht haben. Mit Artikel-Marketing erhalten Sie jedes Mal, wenn Sie einen Text einreichen, der akzeptiert wird, einen Link zurück zu Ihrer Website (z.B. in der Ressourcenbox). Das Beste von allem ist, dass Sie kein geübter Schreiber sein müssen. Sie können auch einfach Ihren Content von erschwinglichen, qualifizierten Schreibern anfertigen lassen. Und das Allerbeste ist, dass Ihre Texte nicht einmal lang sein müssen. 300 bis 500 Worte sind optimal, um genug Aufmerksamkeit zu erzielen – ohne zu viel preiszugeben.

Hier sind ein paar Top-Artikelverzeichnisse (englischsprachig) – leider ändern sich immer wieder ein paar Links, sodass ich nicht die Aktualität garantieren kann:

http://www.EzineArticles.com
http://www.Buzzle.com
http://www.GoArticles.com
http://www.ArticlesFactory.com
http://www.WebProNews.com
http://www.ArticleDashboard.com
http://www.ArticlesBase.com
http://www.ArticleWheel.com
http://www.ArticleFriendly.com
http://www.ArticleRich.com
http://www.Articles-Hub.com
http://www.SubmitYourNewArticle.com
http://www.Articlesnatch.com
http://www.earticlesonline.com
http://www.SubmitYourArticle.com

Hier sind Top-Artikelverzeichnisse (deutschsprachig). ich habe für Sie im Netz ein super Verzeichnis gefunden, welches nicht nur gepflegt und aktuell ist, sondern die ca. 200 (!) deutschsprachigen Artikel-Kataloge nach Page Rank sortiert:

http://forums.digitalpoint.com/showthread.php?t=829364

(BLOG)BEITRÄGE

························

a | Relevante Blogbeiträge schreiben

Ein eigener Blog ist ein perfektes Marketinginstrument. Google liebt relevante Inhalte – ebenso die Besucher. Mit qualitativen Artikeln bedient man also gleich zweierlei Notwendigkeiten: das Google-Ranking und die Akquise. Aber worüber kann man schreiben? Bei einem Businessblog geht es vor allem darum, Themen mit Mehrwert zu veröffentlichen. Ziel ist es, Fragen der Kunden vorherzusehen und diese zu beantworten. Es ist also wichtig, seine Zielgruppe genau zu kennen. Hat man sich beispielsweise auf WordPress-Websites spezialisiert, wäre es klug, einen Artikel mit einem CMS-Vergleich zu schreiben und im Anschluss seine Leistung anzubieten. Eine andere Möglichkeit ist, populäre Themen aufzugreifen. In der Presse, in Themenblogs, auf Twitter & Co findet man Themen, die Auftraggeber interessieren. Bleiben wir bei unserem WordPress-Beispiel: Jeder Kunde mit einer WordPress-Seite setzt sich mit Plug-ins auseinander. Es ist daher sinnvoll, die 100 beliebtesten Plug-ins auf seinem Blog vorzustellen. Die Wahrscheinlichkeit, dass ein Kunde nach einem solchen Plug-in sucht, ist enorm hoch – und damit auch die Chance, einen Kunden auf die Website zu locken.

b | Kommentieren auf Blogs

Kommentare in Blogs sind ebenfalls eine gute Quelle, um Links zu Ihrer Website zu generieren. Wenn Sie Kommentare posten, dann MÜSSEN Sie gewährleisten, dass diese sachdienlich für das diskutierte Thema sind und dass Sie verschiedene Keywordphrasen verwenden, damit Sie mit zusätzlichen Suchbegriffen gelistet werden. Außerdem sollten Sie auch zu anderen Websites verweisen und nur im Verhältnis 2:10 auf Ihre eigenen Inhalte verweisen, um nicht als „Werber" eingestuft zu werden. Halten Sie in Ihrer Nische Ausschau nach Blogs mit guten Rankings und posten Sie dort entsprechende Kommentare. Je höher die Autorität eines Blogs, desto wertvoller ist der Backlink. Deshalb sollten Sie sich auf einschlägige Blogs konzentrieren, die zu Ihrer Nische passen, populär und aktiv sind. Sie sollten auch sicherstellen, dass nicht jeder Kommentar zu Ihrer Hauptseite verlinkt, sondern auch zu Unterseiten. Verteilen Sie Ihre Links so, dass Sie viele Backlinks auf verschiedene Seiten haben und dies mit zweckdienlichen Keywords.

HINWEIS: Was Sie jedoch wissen sollten, wenn Sie Blogs zur Verlinkung benutzen, ist, dass nicht jeder hinterlassene Kommentar tatsächlich zurück zu Ihrer Website führt. Auch Blogs nutzen gerne den Befehl "nofollow", sodass die Backlinks für Google nicht zählen. Um festzustellen, ob ein Blogbeitrag mit Link auch wirklich als ein Link "zählt", können Sie ein kostenloses Firefox Plugin downloaden:

http://www.quirk.biz/searchstatus/

c | Yahoo Answers

Mit dem Posten von Antworten auf aktuelle Fragen innerhalb der Yahoo Answers Community können Sie Ihre Website in die sogenannte Referenz-Box eintragen. Dies ist eine gute Möglichkeit, Ihren Internetauftritt schnell indexiert zu bekommen. Sie können sogar mehrere Websites in einem Posting angeben.

http://de.answers.yahoo.com/

d | Weitere Möglichkeiten

Hier sind noch weitere Quellen für gute Backlinks. Es gilt das oben bereits Gesagte: Schreiben Sie gute, sachdienliche Beiträge und Kommentare mit klug gesetzten Backlinks.

http://www.linkedin.com/
http://www.big-boards.com/
http://hubpages.com/
http://www.stumbleupon.com/
http://www.jaiku.com/
http://www.reddit.com/
http://www.bebo.com/

SOCIAL MARKETING

....

Zu Beginn der Internetära nutzte der interessierte Konsument das Internet allein als Informationsquelle. Heute nimmt der Internetnutzer aktiv an der Gestaltung des Internets teil. Kunden schreiben Rezensionen, veröffentlichen Produktvideos und unterhalten sich mit Gleichgesinnten über Produkte und Leistungen (User-Generated Content). Längst ist nicht allein die Herstellerseite die erste Informationsquelle, sondern Preissuchmaschinen sowie Produktvergleiche und Kritiken/Bewertungen von anderen Käufern.

Was bedeutet Social Media in diesem Zusammenhang? Wikipedia definiert den Begriff „Social Media" wie folgt: „Social Media ist ein Schlagwort, unter dem Soziale Netzwerke und Netzgemeinschaften verstanden werden, die als Plattformen zum gegenseitigen Austausch von Meinungen, Eindrücken und Erfahrungen dienen."

Über das sogenannte Social Media Marketing versucht ein Unternehmen, genau diesen „Dialog der Konsumenten" zu beobachten und im besten Fall daran teilzunehmen, um Meinungen und Trends frühzeitig zu erkennen und der Marke ein eigenes „Gesicht" zu geben. Entsprechend gewinnen die Schlagwörter „Online Reputation" (der gute Ruf im Internet) und „Social Branding" (Stärkung von Marken/ Produkten im Social Web) eine zunehmend größere Rolle.

Im Rahmen der Suchmaschinenoptimierung findet vor allem die Social Media Optimization (SMO) statt, d. h. die Optimierung von Webauftritten für Social-Media-Dienste. Das Ziel ist dabei die Stärkung des Unternehmens im Social Web, zum anderen die breite Streuung von Unternehmensinhalten, mithin der Förderung von „natürlichen Backlinks" zu den Produkten des Unternehmens. Wichtige Kommunikationswerkzeuge sind stark frequentierte, themenrelevante Weblogs (Blogs), die aufgrund ihrer Vernetzung im Internet eine schnelle Verbreitung von Inhalten fördern, Micro-Blogging Dienste wie Twitter oder Community-Plattformen wie Facebook und Co.

Welche konkrete Bedeutung Social-Media-Aktivitäten beim Ranking der Webseiten im Detail haben, ist umstritten. Es gilt allerdings als gesichert, „dass" Social-Media-Dienste einen Einfluss auf das Ranking von Webseiten haben. Dabei messen Suchmaschinen in ihrer Bewertung dem „Teilen" von Inhalten in sozialen Netzwerken die größte Bedeutung zu, gefolgt von Kommentaren und „Likes". Für Google ist zudem die Aktivität im Google-Plus-Profil höchst interessant. Denn auch hier versucht Google abzulesen, ob man in seiner Nische zu den Autoritäten gehört.

Ein zentrales Ziel von SMO ist die Generierung von relevantem Content und weiteren Backlinks. Findet beispielsweise auf einem

Unternehmens-Blog ein Meinungsaustausch zu einzelnen Artikeln statt, wird wertvoller – für das Ranking bei Suchmaschinen wichtiger – Content generiert. So finden sich in themenrelevanten Diskussionen neben zahlreichen Keywords auch wichtige Backlinks zu einzelnen Beiträgen und Kommentaren. Gleiches gilt für Aktivitäten auf Facebook, Twitter und anderen Sozialen Diensten. Hier ist zu bedenken, dass diese Dienste von Google gesondert behandelt werden und als Service die Möglichkeit geboten wird, den Content „live" nach Keywords zu durchsuchen (Googles Live Search).

Neben Google+, Facebook, Twitter oder Blogs gibt es natürlich weitere effektive Möglichkeiten, die Relevanz bei Suchmaschinen durch Backlinks zu beeinflussen: Erwähnenswert sind Social-Bookmarking-Dienste wie Mister Wong oder Delicious, bei denen der Nutzer zu einzelnen Webseiten Lesezeichen setzen kann und diese mit einem Keyword versieht. Diese Bookmarks, inklusive der Anzahl der insgesamt gebookmarkten Unterseiten einer Website, werden von Google vor der Bewertung einer Website analysiert. Es gibt einfache Methoden, Ihre Website schnell indexiert zu bekommen, nämlich indem Sie Backlinks einbauen, darunter auch von Social Websites. Wenn es darum geht, Traffic auf Ihre Website zu erzeugen, dann kann Social Marketing schnelle Resultate liefern – zu absolut null Kosten. Es erfordert ein wenig Zeit, Social Networks effektiv zu nutzen, weil es davon abhängt, wie sehr Sie mit Ihrem Zielpublikum kommunizieren. Aber mit Social Marketing bauen Sie tatsächlich eine Marke auf und begründen einen Ruf innerhalb sozial-basierter Communities. Indem Sie dort Ihr Profil einstellen, präsentieren Sie der Öffentlichkeit gleichzeitig Ihre Website, und durch das Kommunizieren können Sie schnell und einfach targetierten Traffic für Ihre Site bzw. Landingpages erzeugen. Durch Websites wie Twitter sind

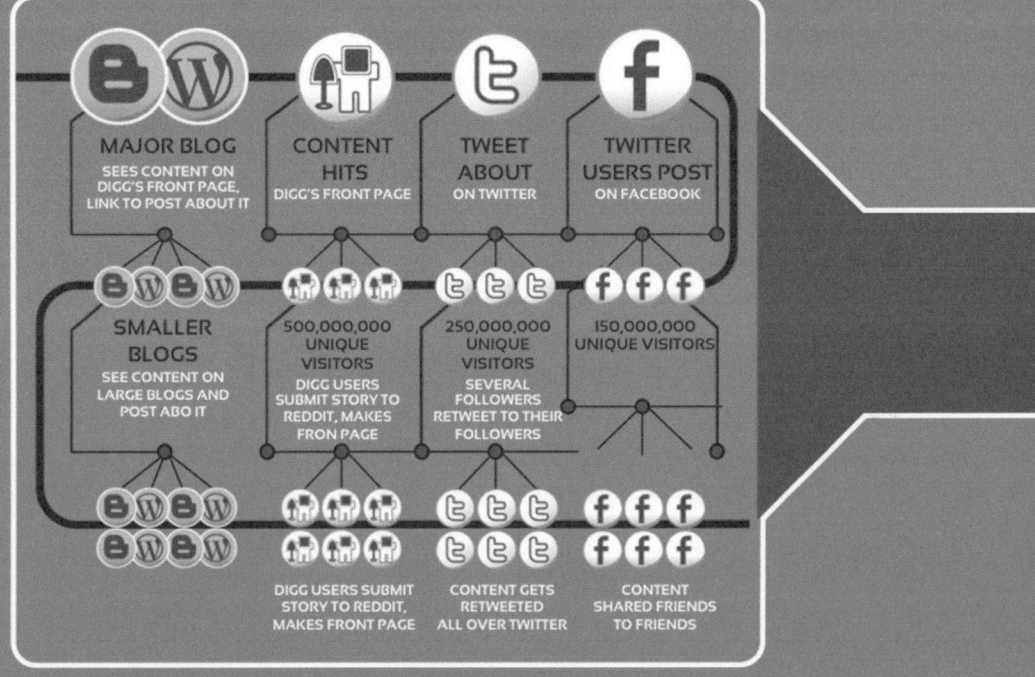

Sie in der Lage, eine große Zahl von Followern aufzubauen, die Ihre Beiträge erhalten und sie dann weiter verbreiten. Es ist jedoch sehr wichtig, immer daran zu denken, dass Sie in Social Communities völlig anders vermarkten müssen. Wenn Sie Werbung für Ihr Produkt (oder sich selbst) machen, sind passive Taktiken gegenüber aggressivem Verkaufen zu bevorzugen.

Anfangs kommen Sie nicht umhin, sich selbst in die Community einzuführen und erst einmal Leads, Follower oder „Freunde" zu gewinnen. Es ist relativ leicht, potenzielle Interessenten für Ihr Sachgebiet zu finden, indem Sie die eingebaute Suchfunktion benutzen, die bei allen Social-Community-Plattformen eingebaut ist. Bei Twitter können Sie die dortige Suchfunktion verwenden und Keywords eingeben, die für Ihren Markt relevant sind. Jedes Mal, wenn Ihre Keywörter mit Beschreibungen in anderen Twitter-Profilen übereinstimmen, können Sie die Person Ihrer Followergruppe hinzufügen, wobei es wahrscheinlich ist, dass Ihre Follower im Gegenzug das Gleiche auch mit Ihnen tun.

> Beim Social Marketing ist die wirkungsvollste Strategie, sich anfangs auf die Bereitstellung von kostenlosem Content, nützlichen Quellen, Tipps und Links zu beschränken. Später, wenn Sie treue Follower haben, können Sie Gratis-Informationen mit Werbemails mischen, die Ihre Interessenten veranlassen, Ihre Website oder Ihren Blog zu besuchen.

Eine E-Mail-Liste durch Social Marketing aufzubauen, ist eine ungewöhnliche Methode. Aber Sie können Interessenten von Ihrem Social-Profil direkt auf Ihre Website leiten, und dort eine Opt-in-Seite erstellen (Squeeze- oder Landingpage genannt), um kostenlose Informationen gegen Angabe der E-Mail-Adresse anzubieten.

Traffic durch Social Marketing zu erzeugen, kann eine sehr angenehme und profitable Technik sein, neue Interessenten zu finden und Ihr Angebot zu bewerben. Sie müssen nur dafür sorgen, dass Sie die Vermarktung Ihrer Website in der Community auf eine persönliche Art und Weise betreiben und vor allen Dingen immer daran denken, dass die Menschen dort sind, um mehr über einander zu erfahren, voneinander zu lernen und unterhalten zu werden. Wenn Sie dies im Auge behalten und Ihre Werbe-Kampagnen entsprechend einrichten, ziehen Sie Vorteile aus extrem aktiven Communities mit potenziellen Kunden.

Hier sind ein paar wichtige Social Communities:
http://de-de.facebook.com/
http://twitter.com/
http://de.myspace.com/
http://www.mybloglog.com/
http://www.stumbleupon.com/
http://answers.yahoo.com/
http://digg.com/
http://www.squidoo.com/
http://hubpages.com/
http://xing.de
http://plus.google.com

HINWEIS: Während die eigene Website ein eher passives Medium ist, einmal davon abgesehen, dass man über Kommentare den Kontakt zu Lesern pflegen kann, bietet Social Media den direkten Kontakt zu den Kunden. Eines sei angemerkt: Wenn ich von Twitter und Facebook schreibe, möchte ich davor warnen, die Kanäle als Dauerkontaktbörse zu nutzen. Zu schnell kann das Surfen, Quatschen oder Tauschen von unnützen Nachrichten zu einem schwarzen Zeitloch werden. Ehe man sich versieht, hat man Stunden mit lustigen Videos verbracht, statt Nutzen aus den Kanälen gezogen zu haben. Hier möchte ich Wege der professionellen Nutzung von Facebook und Twitter zeigen. Und dafür sollten nicht mehr als zehn bis zwanzig Minuten pro Tag eingeplant werden. Anbei noch zwei Anmerkungen zum richtigen Einsatz der Netzwerke Facebook & Twitter.

a | Langkontakt: Facebook

Social Media kann prima genutzt werden, um auf Feedback oder Supportanfragen zu reagieren. Auch hier gilt der Werbegrundsatz, dass es 10x einfacher ist, einen Folgeauftrag zu generieren, als einen

Neuauftrag zu erhalten. Social Media kann ein gutes Instrument der Kundenpflege sein. Die optimale Plattform bietet Facebook, welches jede Menge Werkzeuge bereitstellt, um ohne viel Aufwand eine Community aufzubauen. Während auf Facebook generell ein persönlicher Umgangston herrscht, sollte dennoch darauf geachtet werden, sich professionell im Netz zu zeigen.

Bilder und Videos werden besonders gern geteilt. Mit spannenden oder lustigen Bildern werden sich Beiträge also besser verbreiten. Aber Vorsicht: Ich würde auf einem Firmenprofil weder private noch Ulk-Videos/Bilder zeigen, sofern sie keinen Bezug zur Arbeit haben.

b | Schnellkontakt: Twitter

Der wichtigste Unterschied zur privaten Nutzung von Social-Diensten ist, dass es weniger um den Austausch mit bestehenden Kontakten geht. Vor allem ist Social Media ein gutes Akquise-Instrument. Es geht darum, neue Kunden für seine Leistungen zu begeistern. Hier kommt Twitter ins Spiel. Das Grundprinzip für erfolgreiches twittern ist denkbar einfach: „Folge Kollegen aus deiner Nische, bleibe mit ihnen in Kontakt, teile deren Nachrichten rund um deine Arbeit." Sie sollten darauf achten, nicht alle möglichen Tweets zu teilen, sondern auf hochwertigen Inhalt Wert zu legen.

> Der beste Zeitpunkt für Social-Aktivität ist übrigens zur morgendlichen „Brotzeit" und am späteren Nachmittag. Wer nicht regelmäßig Beiträge schreiben möchte, kann andere spannende Artikel „liken" oder „retweeten", um etwas Bewegung auf das eigene Profil zu bringen.

c | Guru Trick: Social Media optimal einbinden

Wer Social Media effektiv nutzen möchte, sollte auch seine Website für Social Media richtig aufbereiten. Denn jeder kennt folgendes Szenario: Man kopiert eine URL, fügt sie in die Status-Box bei Facebook oder Twitter ein und bekommt eine „Snippet" zu der URL geboten, welches aus Text und Foto besteht. Das ist sehr praktisch. Nur leider ist das Ergebnis, das wir von Facebook oder Twitter geboten bekommen, zuweilen recht befremdlich. Während der Webseiten-Titel noch richtig erkannt wird, sieht es mit der Beschreibung zur Website oder dem Bild recht gruselig aus. Der Grund ist, dass viele Webseiten nicht richtig für Social Media aufbereitet wurden. Die Lösung sind sogenannte Open Graph Tags. Über diese Tags kann definiert werden, was genau in den Sozialen Netzwerken gezeigt werden soll. Und dies kann sogar pro Seite definiert werden. So kann ein „Teilen" der Startseite allgemeine Informationen zu unserer Website zur Verfügung stellen, während eine Empfehlung unserer Produktseite neben dem Produktbild auch gleich den Preis oder die Produktbeschreibung in die Facebook-, Google- oder Twitterbeschreibung integriert. Dies mag der Benutzer. Dies mögen die Sozialen Netzwerke. Dies mag Google! Welche Tags sollte man neben den „Klassikern" in seinem Webseiten verwenden?

Facebook

Facebook title-Tag: Mit dem Facebook title-Tag bestimmen Sie die Überschrift dss Snippeta der Webseite auf Facebook.

<meta name="og:title" content="SEO Meta-Tags, die jede Seite haben sollte." />

Facebook url-Tag: Hier legen Sie für Facebook die anzuzeigende Seite fest. Diese URL wird bei Facebook zwischen Überschrift und Content angezeigt.

`<meta name="og:url" content="http://designers-Inn.de/seol" />`

Facebook description-Tag: Hier legen Sie einen angepassten Beschreibungstext für Facebook fest.

`<meta name="og:description" content="Dieser Text erscheint ausschließlich bei den Webseiten Snippets auf Facebook." />`

Facebook image-Tag: Klar: Hier wird der Link zu dem Bild angegeben, das bei Facebook angezeigt werden soll.

`<meta name="og:Image" content="http://designers-Inn.de/seo-meta-tags-screenshot.jpg" />`

Twitter

Das Twitter-Card-Tag: Diese Tags bestimmen, was bei Twitter auf der „Twitter Card" gezeigt werden soll. Im Einzelnen ist dies mit Facebook vergleichbar: Das site-Tag, creator-Tag, title-Tag, URL-Tag, description-Tag, image-Tag

`<meta name="Twitter:card" content="summary"/>`

`<meta name="Twitter:site" content="@designers_inn"/>`

`<meta name="Twitter:creator" content="@designers_inn"/>`

`<meta name="Twitter:title" content="SEO Meta Tags Tutorial – SEO Meta Tags die jede Seite haben sollte"/>`

`<meta name="Twitter:url" content="http://designers-Inn.de/seo-meta-tags-tutorial"/>`

<meta name="Twitter:description" content="Bei uns bekommen Sie die besten SEO Tipps. Jetzt lernen, gleich profitieren!"/>

<meta name="Twitter:image" content="http://designers-Inn.de/seo-screenshot.jpg"/>

Google Plus

Zuletzt sollten Sie unbedingt Ihre Artikel mit ihrem Google-Account verknüpfen. Dazu fügen Sie folgenden Link in Ihrer Seite ein: <link rel="author" href="https://plus.google.com/[HIER KOMMT IHR GOOGLE+ Profil rein]"/>

Mit dieser Zeile wird in den Suchergebnissen neben den Links zu Ihrem Artikel auch ihr aktuelles Google+ Profilbild angezeigt. Dadurch hebt sich bereits optisch ihre Seite deutlich von der Konkurrenz ab.

PBN

....

Als Zaubermittel für gutes Ranking wird gerne ein PBN (Private Blog Network) angesehen. Eigentlich gehört dieser Teil in die Rubrik BLACK HAT. Ich möchte davor warnen, ohne weitreichende Kenntnisse ein PBN aufzubauen. Ein falscher Aufbau des PBN führt zur Abstrafung aller damit verbundenen Domains. Da dieses Thema aber wild in der Branche diskutiert wird, gebe ich zumindest eine kurze Zusammenfassung, was hinter diesem ominösen PBN steckt.

a | Domains kaufen

Die Idee hinter dem PBN ist, ein eigenes Netzwerk aus verschiedenen Seiten mit hoher Autorität aufzubauen und aus diesen heraus zur eigenen Hauptseite zu verlinken. Im Prinzip baut man seine eigene Linkfarm. Für ein PBN benötigen wir entsprechend eine Reihe von einzelnen Domains mit Autorität. Da man nicht über Jahre eigene Domains „aufbauen" möchte, sucht man „gebrauchte" oder „abgelaufene" Domains (Aged Domains bzw. Expired Domains), die bereits einen guten Page Rank, viele Backlinks und eine gewisse Autorität besitzen.

Ein guter Anlaufpunkt zum Kauf solcher Domains sind
‣ PR Powershot und ExpiredDomains.net.

Als Tipp möchte ich auf den Weg geben, nicht unbedingt die Domains mit dem höchsten PR zu kaufen. Der PR wird oftmals über Monate nicht von Google aktualisiert und ist daher nur ein Indiz für eine gute Domain. Viel wichtiger sind folgende Kriterien:

‣ Anzahl der Backlinks: Die gekaufte Domain sollte natürlich bereits über bestehende Backlinks verfügen. Was man erwarten darf: PR 3 – 100+ Links, PR 4 – 800+ Links, PR 5 – 1500+ Links
‣ MajesticSEO Trust Flow and Citation Flow: Kaufen Sie keine Domain mit einem Trust Flow/Citation Flow unter 15/15. Hier spricht vieles dafür, dass es sich um Fake-Domains handelt.
‣ Moz Domain Authority and Page Authority: Wenn ich Domains suche, dann sollten sie einen DA von 25 und PA von 25 haben.
‣ PR Fake oder Real? Leider verkaufen immer wieder „schwarze Schafe" Domains. Eine Seite wird künstlich über eine 301-Redirect mit PR 5 angeboten und nach dem Kauf werden die Weiterleitungen gekappt und man verliert seinen PR. Ein Blick in MajesticSEO.com zeigt rasch, ob es sich um eine reale, aktive Domain oder um eine zusammengestückelte Domain handelt.

b | Provider suchen

Die Domains müssen über verschiedene Provider mit verschiedenen Class IPs gehostet werden! Also bitte nicht alle Domains über einen Account verwalten. Zudem müssen alle Spuren verwischt werden, die darauf hindeuten, dass ein Netzwerk betrieben wird. Es sollten also auf den verschiedene Seiten auch verschiedene Themes, verschiedene Plugins, etc. installiert werden.

c | Domains vernetzen

Nun können aus allen Webseiten Backlinks zur Hauptseite gebaut werden. Dabei ist darauf zu achten, dass maximal drei Links aus einem Homepage-Artikel auf die Hauptseite verlinken. Diese Links sollten zudem unterschiedliche Ankertexte haben. Einmal kann das Keyword, einmal die URL und einmal ein neutraler Ausdruck als Ankertext genutzt werden.

Insgesamt sollte eine Seite nicht mehr als 10 bis 15 ausgehende Links haben. Zudem dürfen die Websites des PBN nicht untereinander verlinkt werden.

In der Theorie lässt sich auf diese Weise ein kleines Mininetzwerk aus themenrelevanten Seiten bauen, die alle einen guten Backlink zur Hauptseite liefern. Dies mag Google sehr. Vor allem, da diese Links beständig von der Homepage verlinkt sind – und nicht aus einer Blogseite heraus.

PRAXISBEISPIEL

An dieser Stelle noch einmal kurz zusammengefasst, was Sie bisher zum Thema OffPage-Optimierung gelernt haben:

1. Sie müssen Links zu Ihrer Webseite bekommen.

2. Links müssen Ihre wichtigsten Keywords im Ankertext enthalten.

3. Links sollten aus dem gleichen Themengebiet kommen.

4. Versuchen Sie, Links von möglichst vielen verschiedenen IP-Adressen (also nicht nur aus Webkatalogen) zu erhalten.

5. Es ist klug, möglichst viele Textlinks zu verwenden, also Links innerhalb eines Textes (und nicht immer nur ein Quellenhinweis am Ende eines Textes).

6. Sie können Artikel schreiben und auf Webseiten, Blogs oder Artikelverzeichnissen veröffentlichen. Fügen Sie immer einen Link zu Ihrer Webseite hinzu.

7. Nutzen Sie Social Media, um aus Fandiskussionen Backlinks zu Ihrer Website zu generieren.

Und bei alledem vergessen Sie nicht die OnPage-Optimierung:

1. Verwenden Sie Keywords im Titel Ihrer Webseite.

2. Verwenden Sie das „|"-Symbol statt Füllwörter.

3. Verwenden Sie nur Ihre wichtigsten Keywords.

4. Verwenden Sie <h1> und <h2> Header-Tags in Ihren Artikeln.

5. Zeichnen Sie einige Keywords semantisch aus („strong", „em").

6. Platzieren Sie wichtige Keywords am Anfang und Ende der Artikel.

8. Verwenden Sie alt-Tags bei Bildern und Grafiken.

Kommen wir nun zurück zu unserem Praxisbeispiel aus dem Kapitel OnPage-Optimierung. Wir erinnern uns: Wir bauen gerade eine Website zum Thema „Diät". Derzeit haben wir die Inhalte unserer Website für das Keyword „Gewichtsverlust" optimiert. Jetzt müssen wir uns um die OffPage-Optimierung kümmern.

Nun sind wir wieder ganz faul und klauen einfach die erfolgreichsten Techniken unserer Top-10-Konkurrenten. Kurz: Wir analysieren, was bei unseren Konkurrenten prima funktioniert, und wenden genau die gleichen Tricks für unsere Website an. Auf diese Weise können wir Google genau das geben, was für unsere OffPage-Optimierung benötigt wird, um die bestmöglichen Webseitenplätze zu ergattern. Als Erstes schauen wir uns Googles Top-10-Ergebnisse zu unserem Keyword „Diät" an. Wie ich erwähnt habe, müssen wir ein paar Dinge über die Webseite auf Platz 1 für den Begriff „Diät" analysieren:

1. Welche Webseiten zum Konkurrenten verlinken.

2. Zahl von Webseiten, die zum Konkurrenten verlinken.

3. Google DA der Webseiten, die zum Konkurrenten verlinken.

4. Inhalt der Webseiten, die zum Konkurrenten verlinken.

5. Ankertext im Backlink, der zum Konkurrenten verlinkt.

6. Anzahl und Art von Links, die zum Konkurrenten verlinken.

7. Anzahl der Links, die zum Konkurrenten verlinken.

8. Ob die Webseiten, die zum Konkurrenten verlinken, durch Google als eine Autoritätswebseite angesehen werden.

9. IP-Adresse der Webseite, die zum Konkurrenten verlinken.

Okay. Packen wir es an!

Nehmen wir an, dass www.diät-1.de unser Top-Konkurrent ist, dann geben wir Folgendes in die Suchleiste von Google ein:

link: www.diät-1.de

Es wird nun eine Liste von Webseiten gezeigt, die alle auf www.diät-1.de verlinken. Hier bekommen wir also alle Partnerlinks auf dem Silbertablett serviert. Unser (Fern)ziel ist es, von eben diesen Websites Backlinks zu unserer Website bekommen. Aber bevor wir Hunderte Websites durchgehen, schauen wir zunächst, welche dieser Websites unser Keyword im Ankertext haben. Wir erinnern uns: Der Ankertext spielt eine äußerst wichtige Rolle in der Rangordnung bei Google. Entsprechend sind die Websites mit unserem Keyword im Link vorrangig in unserem Fokus. Ein weiterer Filter ist herauszufinden, welche Top-Seiten sich mit www.diät-1.de verlinken. Die Idee dahinter ist, dass Google Webseiten mit hohem Rang in den Suchmaschinen als eine Autoritätswebseite ansieht. Dafür können Sie das folgende kostenlose Tool verwenden:

http://www.linkbewertung.de/domain-analyse-tool.php

Sie können die Top-10-Domains für einen bestimmten Suchbegriff analysieren, um die Popularität der allgemeinen Webseiten herauszufinden, die sich mit den ersten Top-10-Webseiten verlinken. Wer noch einen Schritt weiter gehen möchte, kann auch herausfinden, welche IP-Adresse hinter den verlinkenden Webseiten steckt, um auf diese Weise mehr Informationen über die Link-Partner (oder auch Konkurrenten) zu erhalten. Ein kostenloses Tool dazu wäre:

http://www.webrankinfo.com/english/tools/class-c-checker.php

Dieses Programm ermöglicht es Ihnen, zu jeder URL die IP-Adresse auszulesen. ERINNERUNG: Es ist wichtig, Links von möglichst vielen verschiedenen IP-Adressen zu bekommen. Mit dem genannten Tool können Sie nun einsehen, ob die eingehenden Links bei den Konkurrenten tatsächlich von verschiedenen IPs kommen – oder beispielsweise über Linkfarmen gekauft wurden. Okay. Schauen wir uns nun das Ergebnis zu unserer Konkurrenzseite http://www.diät-1.de/ an.

‣ Es gibt ungefähr 460 Webseiten, die auf http://www.diät-1.de/ verweisen.

‣ Bei genauerem Hinsehen verlinken die meisten Webseiten direkt zu einer Unterseite, nämlich http://www.diät-1.de/diät/. Diese Unterseite ist für uns besonders spannend, da sie die Top-Platzierung in Google einnimmt.

‣ Der Inhalt dieser Webseite ist „Gesunde Ernährung mit Herbalife Produkten".

‣ Die Google Domain Autorität dieser Webseite ist 25

‣ Der Ankertext der Verlinkungen zu www.diät-1.de ist „Diät".

‣ Die Anzahl der Links von Google zeigt, dass auf diese Webseite 18-mal verlinkt wird.

‣ Die Anzahl der ausgehenden Links liegt bei 26.

‣ Die Gesamtzahl der Links auf dieser Webseite ist 59.

Ja, das kann ein zeitaufwendiger Prozess sein, aber um einen guten Rang für Ihre Webseite zu erhalten, müssen Sie wissen, wie Sie eine perfekte OffPage-Optimierung durchführen, denn nur so werden Sie Ihr Ziel erreichen, um bei Google und den anderen Suchmaschinen an die Spitze katapultiert zu werden.

Hier ist die gute Nachricht: Wenn ich professionell Webseiten analysiere, mache ich all die Arbeit nicht manuell. Während man bei seinem eigenen Projekt vielleicht mehr Zeit investiert (um Geld zu sparen), ist es im Profibereich schier unmöglich, alle Schritte von

Hand zu erledigen. Ich benutze unter anderem die SEO-Suite von http://www.link-assistant.com, um alles zu erledigen, was ich zuvor erwähnt habe. Es ist leider kein Gratis-Tool, aber die Investition lohnt sich für die Zukunft, und Sie können damit eine Menge an Zeit sparen. Ich möchte betonen, dass dieser Tipp nicht dazu beitragen soll, Sie zu dieser Software zu überreden. Es ist jedem überlassen, und sicher gibt es auch andere gute Software, mit der man eine Unmenge an Zeit sparen kann. Ich gebe diesen Tipp nur als „Blick hinter die Kulisse".

Hier noch einmal die wichtigsten Dinge zusammengefasst:

‣ Welche Webseiten verlinken sich mit der Konkurrenz? Schreiben Sie diese an und versuchen Sie, ebenfalls Backlinks zu erhalten.

‣ Wie viele Webseiten verlinken sich mit der Konkurrenz? Hat eine Top-Seite nur wenige Verlinkungen – prima: Umso leichter können wir sie von der Top-Position verdrängen.

‣ Kommen die Links von verschiedenen IP Adressen? Google favorisiert Webseiten, die viele Links auf verschiedene IP Adressen haben. Wenn man darüber nachdenkt, ist es sinnvoll, dass Google bei Webseiten Prioritäten einräumt. Es ermöglicht den Leuten, die sehr viel Schweiß in ihr Projekt investieren, einen sehr guten Page Rank bei Google zu erhalten. Wenn Google nämlich nicht auf IP-Adressen sehen würde, könnte man einfach eine Webseite mit tausenden von Unterseiten und Verlinkungen erstellen. Man hätte dann tausende Verlinkungen, die zu meiner Webseite weisen. Leider ist Google klüger. Denn bei einer Website kommen alle Links von einer IP, und dies würde zu einer Abstrafung als Belohnung führen.

‣ Welchen Inhalt haben die Webseiten, die sich verlinken? Passt dieser zu unserer Nische?

- Welche Ankertexte werden in der Verlinkung verwendet? Hier können wir viele Ideen für unsere eigenen Ankertexte sammeln.
- Wie viele und wie qualifizierte Ausgangsverlinkungen hat die Website? Können auch wir zu den Quellen verlinken?

DAS GEHEIMNIS, WIE SIE IN 24 STUNDEN BEI GOOGLE GELISTET WERDEN

Haben Sie von Leuten gehört, die bei Google innerhalb von 24 Stunden gelistet wurden? Viele glauben, dies wäre ein reines Wunder und Sie könnten dies nur vollbringen, wenn Sie ein Top-Secret-Marketing-Taktik-EXPERTE sind.

Die Wahrheit: In Google in weniger als einem Tag gelistet zu werden, ist ziemlich leicht! Lassen Sie uns zunächst definieren, was es bedeutet, bei Google gelistet zu werden:

- Wir wollen eine brandneue Webseite erstellen.
- Wenn wir auf Google gehen und unsere Domain eingeben, werden wir keine Ergebnisse zu unserer Domain finden. Der Grund besteht darin, dass unsere Webseite neu ist und noch nicht im Index von Google verzeichnet wird. Wenn Ihre Website noch nicht indexiert wurde, kann Ihre Webseite auch nicht von Google gelistet und damit auch nicht gefunden werden. Die Suchmaschine weiß schlicht nicht, dass Ihre Webseite existiert.
- Um sich in Google aufzureihen, müssen Sie zuerst einen Inhalt auf Ihrer Webseite erstellen. Sobald Sie Ihre Webseite erstellt haben und nochmals eine Suche starten, werden Sie bemerken, dass Ihre Webseite irgendwann (bis zu ein paar Wochen später)

mit einem Titel, Beschreibung und der URL gefunden wird. Diese Webseite ist durch Google jetzt mit einem Inhaltsverzeichnis versehen worden.

Jetzt, da wir das erledigt haben, wollen wir lernen, was man NICHT tut, um rasch durch Google indexiert zu werden.

‣ Nutzen Sie nicht Googles Webmaster Tools, um Ihre Website anzumelden. Klar: Google sagt, dass dies die tatsächliche Vorlage zur Anmeldung einer Website ist. ABER: Wenn Sie Ihre Website über das Formular von Google anmelden, kann es bis zu 6 Wochen dauern, bis Ihre Webseite im Index von Google landet. Ich weiß nicht, wie es Ihnen geht, aber 6 Wochen sind schon eine verflixt lange Zeit, um nur gelistet zu werden – und von Top Platzierungen ist noch gar keine Rede!

Verwenden Sie daher niemals das Google-Kontaktformular! Dies betrifft übrigens auch Yahoo, Bing & Co.

‣ Also wie listen wir nun Ihre Webseite innerhalb von 24 Stunden? Nehmen wir unser Beispiel von der Diät-Webseite. An diesem Beispiel zeige ich Ihnen Schritt für Schritt, wie Sie eine Website rasend schnell indexieren lassen. Gehen Sie zu Google und geben Sie ihr längstes Keyword ein. In unserem Beispiel wäre es „Gewichtsverlust".

‣ Stöbern Sie durch die Suchergebnisse und haben Sie ein besonderes Augenmerk auf den Page Rank der Webseiten. Sobald Sie ein paar Webseiten mit gute Domain Autorität gefunden haben, sollten Sie den Webmaster per E-Mail kontaktieren, und fragen, ob Sie Ihre Websites gegenseitig verlinken wollen. Alternativ bieten Sie an, einen Gastartikel zu schreiben (natürlich mit Autorbox, inklusive Backlink zu Ihrer Website). Wenn Sie das korrekt

und professionell handhaben, werden die meisten einen Backlink zu Ihrer Webseite einfügen.

▸ Und siehe da: Sobald sich eine Website mit Autorität zu Ihrer
  Webseite verbindet, werden Sie von Google in weniger als 3
  Tagen gelistet. Je besser die Website bei Google aufgestellt ist,
  desto schneller werden Sie indexiert. Dies kann dann in weniger
  als 24 Stunden sein!

Klar: Manchmal ist es nicht möglich, Top-Webseiten zu einem Backlink zu überzeugen, vor allem, wenn Ihre Webseite neu ist. Aber
es gibt eine weitere Option, die Sie verfolgen können: Schreiben
Sie Kommentare auf den einschlägigen Blogs in Ihrer Nische (siehe
oben). Auch hier erhalten Sie erstklassige Backlinks, durch die Sie
rasch indexiert werden.

Ein anderer Tipp: Verlinken Sie Ihre neue Seite mit einer älteren
Webseite (sofern Sie eine haben), die bereits eine höhere Autorität
hat. Setzen Sie einfach einen Backlink auf die neue Webseite. Lassen Sie den Backlink 1-3 Tage, und Sie werden Ihre neue Webseite
im Index von Google schnell sehen!

Sobald Sie im Index gelistet sind, können Sie den Backlink wieder
von Ihrer höheren Page Rank Seite entfernen. Wie Sie sehen, ist es
eigentlich gar nicht so schwer, Dinge zu tun, um bei Google schneller gelistet zu werden. Sobald Sie von Google gelistet wurden, können Sie beginnen, die Dinge, die ich Ihnen in den weiteren Kapiteln
erklärt habe, zu erledigen – und im Ranking zu steigen.

Black Hat SEO

Wir haben uns viele SEO-Techniken angeschaut. Diese Techniken werden Sie mit sehr, sehr hoher Wahrscheinlichkeit auf Seite 1 bei Google katapultieren. Dabei lege ich Wert darauf, dass wir uns auf erlaubte SEO-Maßnahmen (White Hat SEO) konzentrieren. Zwar gibt es viele unerlaubte Techniken, die einen raschen Erfolg versprechen, aber in der Praxis sind diese oft nicht von Dauer und führen unter Umständen sogar zum Verbot der eigenen Website. Es wäre doch sehr schade, wenn wir viel Zeit und Liebe in eine Website investieren, und dann aufgrund unserer Ungeduld für immer aus dem Google-Index verbannt werden. Genau dies kann nämlich durch übereilte Black-Hat-Maßnahmen passieren. Dennoch möchte ich das Kapitel „Black Hat" einfügen, damit Sie ein paar Black Hat-Maßnahmen kennenlernen, und ein Gefühl dafür bekommen, auf welche Techniken man lieber verzichten sollte.

WHITE HAT

....

Beginnen wir mit der Sonnenseite der Macht: White Hat umfasst alle Maßnahmen, die den Google-Webmaster-Richtlinien entsprechen. Im Wesentlichen ist damit eine „Ethische Suchmaschinenoptimierung" zu verstehen. Im Rahmen der OffPage-Optimierung ist vor allem das „natürliche Linkbuilding" gemeint, d.h. es wird angenommen, dass ein Webseitenbesucher eine Seite aufgrund der

Inhalte weiterempfiehlt. Es versteht sich, dass bei reinem White Hat SEO nur relevante und ansprechend aufbereitete Inhalte zu natürlichen Links führen. Eine erfolgreiche SEO- und SMO-Kampagne ist im besten Fall nicht als „Kampagne" zu erkennen, sondern wirkt nach außen authentisch und natürlich gewachsen.

BLACK HAT

Black-Hat-Maßnahmen sollen Webseiten durch „verbotene Tricks" auf die vorderen Plätze der Ergebnisseiten bringen. Black Hat verstößt gegen die Regeln der Suchmaschine, die zum Schutz vor Manipulationen erlassen wurden, wie Keyword-Stuffing. Auch automatisierte Umleitungen zu speziell für Suchmaschinen erstellte Textseiten (Brückenseiten), die mit dem eigentlichen Inhalt der beworbenen Website nicht in relevantem Zusammenhang stehen, verstoßen gegen die Webmaster-Richtlinien. Diese Brückenseiten, auch Doorwayseiten, Doorways oder Gateway-Seiten genannt, sind optimal suchmaschinenoptimierte Einzelseiten, deren alleiniger Zweck eine gute Platzierung in den Ergebnislisten der Suchmaschinen ist. Diese Seiten enthalten selbst keinen „wirklichen" Inhalt, sondern dienen allein als Eingangsseite zur beworbenen Website. Die Verwendung solcher Tricks kann eine Herabstufung der Website oder gar den Ausschluss aus dem Index der Suchmaschine zur Folge haben. So wurde das Internetangebot eines der größten weltweiten Automobilkonzerne 2006 aus Google entfernt, da er mehrere automatisch weiterleitende Brückenseiten erstellt hatte. Erst nachdem sämtliche Brückenseiten entfernt waren, wurde dieser Konzern wieder in dem Index der Suchmaschine aufgenommen.

BLACK HAT VS. WHITE HAT SEO

························

Ist eine Black-Hat-Strategie grundsätzlich abzulehnen? Diese Frage kann trotz aller Gefahren nicht eindeutig beantwortet werden. Black Hat ermöglicht optimale Platzierungen in den Ergebnislisten. Die Entscheidung, welche Herangehensweise die „richtige" ist, muss für jeden konkreten Fall neu entschieden werden. So ist es wenig ratsam, die Herabstufung einer Website mit hochwertigen Inhalten wegen unlauterer Tricks zu riskieren. Hingegen kann es durchaus sinnvoll sein, eine Übergangsseite kurzfristig zu pushen, auch wenn dadurch riskiert wird, dass die Seite später aus dem Index der Suchmaschine verbannt wird. Einige Methoden sind weder White Hat noch Black Hat zuzuordnen. Beispielsweise ist der Link-Kauf ein nahezu unumgängliches Mittel, um bei einer Website mit stark umkämpften Keywords eine vordere Platzierung in den Suchergebnissen zu erlangen. Zwar arbeiten Suchmaschinen mit intelligenten Filtern, um gekaufte Links zu erkennen, doch sind gekaufte Links von einer redaktionell gepflegten Seite nicht als Paid-Links zu erkennen. Da jeder unnatürliche Linkaufbau von Google kritisch beäugt wird, eingehende Links aber nach wie vor eine hohe Relevanz für das Ranking besitzen, werden zahlreiche Suchmaschinenoptimierer am ehesten in den Bereich der „Grey Hat" Optimierung fallen. Streng genommen gilt jeder künstlich, mit der Intention, das Ranking zu verbessern, gesetzte Link, als Black Hat. Insofern fiele beinahe jede OffPage-Optimierung nicht mehr unter den Duktus einer White-Hat-Optimierung. Letzten Endes sollte jeder SEO-Spezialist die verschiedensten Methoden der Optimierung beherrschen, schon allein, um die Grenzen des Erlaubten zu kennen.

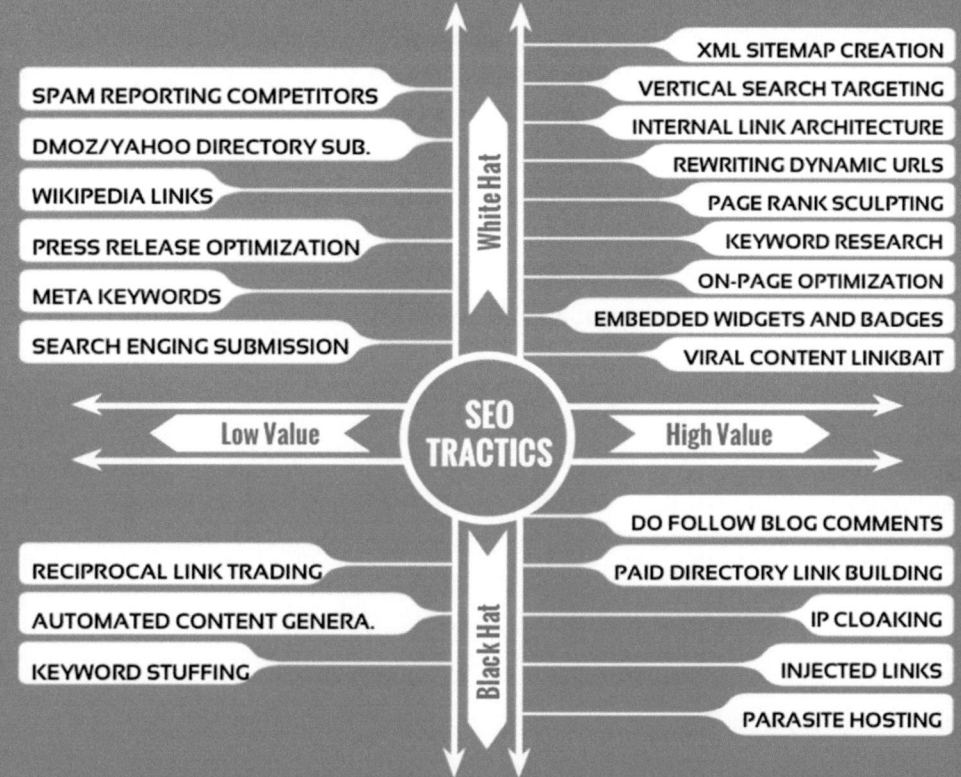

SO WERDEN SIE ABGESTRAFT

....

Manche Kollegen bitten Google quasi darum, Ihre Webseite zu bestrafen! Täglich sehe ich neue Beiträge, in denen sich Leute darüber beschweren, dass ihre Webseiten von Google aus dem INDEX entfernt wurden – und sie keine Ahnung haben „warum". Natürlich sagt jeder, dass er nichts falsch gemacht hat und absolut ratlos ist, warum die Webseite nicht mehr in Google gelistet ist. Der Zweck dieser Lektion ist, dass Sie lernen, was Sie beim Optimieren Ihrer Website nicht tun sollten.

a | Wie bemerken Sie, ob Ihre Webseite verboten worden ist?

Überprüfen Sie regelmäßig die Google-Suchergebnisse. Gehen Sie zu Google und geben Sie Ihre ganze URL in die Google Suchleiste ein. In diesem Beispiel verwenden wir einen selbst ausgedachten Namen (www.max-mustermann.de). Lassen Sie uns sagen, dass diese Webseite im Google-Index war. Zeigt Ihnen Google keine verfügbaren Informationen, ist die URL nicht mehr in der Google-Datenbank. Wenn Sie eine brandneue Webseite in Google eingeben, bekommen Sie diese Nachricht immer, bis die Webseite indexiert worden ist. Aber in diesem Fall ist unsere Webseite aus irgendeinem Grund von Google verboten worden. Eine andere Art, wie Sie schnell sehen können, ob Ihre Webseite verboten worden ist, sehen Sie hier: Laden Sie die Google-Toolbar herunter: http://google-toolbar-fur-firefox.softonic.de/ Sobald Sie diese installiert haben, besuchen Sie einfach Ihre eigene Webseite. Wenn die Google Toolbar grau ist, dann wurde Ihre Website von Google verboten. Ok, jetzt wissen wir, wie und wo man sieht, ob unsere Webseite verboten worden ist.

b | Warum werden Webseiten von Google verboten?

Es gibt viele Faktoren, die Google veranlassen können, Ihre Webseite zu verbieten. Konzentrieren wir uns zunächst auf die OnPage-Optimierung.

Verstecker Text

Ein von Google ungeliebtes Mittel ist versteckter Text. Hier wird „weißer Text" auf weißem Grund geschrieben, um Keywords vor Besuchern zu verstecken. Auf den ersten Blick werden Sie sich wahrscheinlich fragen, wo der versteckte Text ist. Lassen Sie es mich Ihnen zeigen: Legen Sie eine entsprechende Seite an, rufen Sie diese dann auf und klicken sie (strg+a bzw. ctrl+a) auf der Tastatur. Und siehe da: Schon kommt der gesamte Text zum Vorschein. Manche Webmaster gehen davon aus, dass dies eine gute Methode ist, um einen besseren Rang bei den Suchmaschinen zu bekommen. Diese absurde Vorgehensweise sollten Sie vermeiden – denn selbstverständlich können Suchmaschinen versteckten Text sehen und auch als solchen identifizieren.

Alt-Tag-SPAM

Dies ist eine andere Art, wie Leute eine Unmenge von Keywords in ihre Webseite integrieren. Alt-Tags sind durchaus erlaubt (White Hat). Es ist aber nicht erlaubt, Webseiten mit versteckten Texten vollzustopfen (Black Hat). Beispiel: Eine Webseite will für ein Produkt (z. B. Kohlsuppendiät) Werbung auf der Homepage machen. Sie haben eine Grafik von einem Kohl auf der Webseite platziert (okay). Sie haben dann der Grafik einen Alt-Tag hinzugefügt (okay). ABER in die Kohlsuppengrafik wurde das Keyword 100x mal eingefügt (nicht okay). Kurz: Es hat wirklich keinen Zweck, so viele Keywords wie möglich in die Webseite zu klatschen. Dies bringt Ihnen nur Ärger.

Meta-Tag

Es ist mir ein Rätsel, warum Tausende von Leuten genau dasselbe Keyword wiederholt in ihre Meta-Tags eingeben. Zum Beispiel versucht eine Webseite sich gut für „Zelte" einzuordnen: < meta name=„keywords" content="Zelte, Zelte, Zelte, Zelte Zelte zelten liefert, Zelte, Zelte zelten, Zelt, Zelt zeltet, zeltet, zeltet, zeltet, zeltet, zeltet zeltet zeltet Zeltzubehöre, Zelte, Zelte zelten, Zelt, Zelt zeltet Zelte, Zelte, Zelte, Zelte, Zelte, Zelte zeltet Zeltzubehöre, Zelte, Zelte zelten, Zelt, Zelt, Zelte, Zelte, Zeltzelte, Zelte, Zelte, Zelte zeltet Zeltzubehöre, Zelte Zelte zelten, Zelt, Zelt zeltet, zeltet Zelte" />

Das ist lächerlich. Google verwendet keine Keyword-Tags, um Webseiten einzuordnen. Dafür bestraft Google Seiten beim Keyword-Stuffing!

title-Tag

Der Titel ist das, was in der oberen linken Seite Ihrer Webseite erscheint. Sie sollten Ihr Keyword durchaus im Titel nutzen. Aber mehr als einmal bringt keinen Mehrwert. Und wenn Sie es übertreiben, können Sie dem Ranking Ihrer Website sogar schaden.

MYTHEN & RISIKEN

Im letzten Kapitel sprachen wir über die schlimmsten OnPage-Optimierungsfaktoren, durch die Ihre Webseite deindexiert werden kann. In diesem Kapitel zeige ich Ihnen OffPage-Techniken, die Sie meiden sollten. Lassen Sie uns einige beliebte Mythen überprüfen.

Wenn ein schlechter Backlink auf Ihre Webseite verweist, werden Sie bestraft?

Risiko: Null

Wenn nicht zusammenhängende Webseiten auf Sie verweisen, wird Ihre Webseite bestraft?

Risiko: Null

Wenn Websites mit geringer Autorität auf Ihre Website verlinken, wird Ihre Website bestraft?

Risiko: Null

Doppelter Inhalt auf Ihrer Website führt zur Abstrafung!

Risiko: Null – Allerdings kann es passieren, dass Google den für Sie weniger relevanten Inhalt listet (z.B. die Druckversion statt des richtigen Artikels)

Keine der oben genannten Aussagen sind wahr. Trotzdem muss man beim Link-Building sehr vorsichtig sein! Links von zu schlechten Webseiten können das Ranking massiv beeinflussen. Nun könnte man denken, das wäre eine ziemlich einfache Sache, sich von schlechten Links fernzuhalten. Falsch! Nehmen wir einmal an, dass ich eine Webseite habe und Links mit Ihrer Website tausche. Zu diesem Zeitpunkt hatten unsere Webseiten top Qualität. Dies wäre ein idealer Verbindungstausch. Ok, jetzt gehen mehrere Monate ins Land, ich mache alle Art von Black Hat SEO und bin inzwischen von Google verbannt worden. Grundsätzlich mag es Sie wenig interessieren, was ich mit meiner Website anstelle. Aber jetzt sind Sie plötzlich mit einer sehr schlechten Webseite verlinkt. Und in der Tat könnten Sie für das Verlinken auf/von einer schlechten Webseite bestraft werden. Das bedeutet, Sie müssen Ihre Link-Partner im Auge behalten. Wenn Sie einen Link-Tausch mit einer Webseite machen, prüfen Sie, ob diese von Google gesperrt ist – und wiederholen Sie dies auch ab und zu. Wird diese abgestraft, sollten Sie die Verlinkung kappen. In der Tat ist dies einer der meisten Gründe, warum Leute von Google bestraft werden – und das Traurige daran ist, sie haben keine Ahnung, weshalb!

Also worauf müssen wir vor allem achten?

Fehler 1: Schlechte Linkziele

Risiko: Verdächtig

Vermeiden Sie Links zu und von schlechten Webseiten, wie zum Beispiel Linkfarmen. Der Wert eines Backlinks von Seiten mit übermäßig vielen (über 1000) ausgehenden Links sinkt drastisch. Dies ist nicht besonders neu. Massiv ausgehende Links sind ein Zeichen von geringer Qualität (Spam-Blog oder Verzeichnis). Diese Backlinks sind verdächtig und sollten gegenkontrolliert werden. Natürlich gibt es auch hier Werkzeuge, die automatisch die Links zu und von Ihrer Website kontrollieren. Ich benutze dazu Link-Assistent. Aber die meisten SEO-Tools für Backlinks bieten diesen Service.

Fehler 2: Links, die von Seiten mit der gleichen IP kommen.

Risiko: Verdächtig

Wenn viele Backlinks von Seiten mit identischen IP-Adressen kommen, ist dies ein Indiz, dass Links über Link-Netzwerke eingehen. Dies mögen Suchmaschinen nicht. Überprüfe die IP-Adressen.

Fehler 3: Zu viele Verbindungen mit dem gleichen Ankertext

Risiko Hoch

Bislang war ein identischer Ankertext in einer Dichte von etwa 30% bis 40% unproblematisch. Jetzt reagiert Google sensibel auf Ankertexte. Also überprüfen Sie die Backlink-Anchor-Texte auf genaue Übereinstimmungen. Diese sollte nicht über 20% liegen!

Fehler 4: Überoptimierter Ankertext

Risiko: Hoch

Google wundert sich, wenn Backlink-Profile zu viele optimierte Link-Anker haben. Stellen Sie sicher, dass alle Backlinks eine Vielzahl von natürlichen Ankertexten haben (Markenname, einfache URL, Keyword).

Fehler 5: Sitewide Backlinks

Risiko: Hoch

Eine hohe Anzahl von Header, Footer oder Sidebar-Links nerven Google und können zur Abstrafung führen. Empfehlung: Halte seitenweite Backlinks auf ein Minimum.

Fehler 6: Backlinks von Seiten, die nicht von Google indiziert sind

Risiko: Kritisch

Wenn eine Webseite nicht in der Suchmaschine indiziert ist, ist es möglich, dass diese aufgrund der Verletzung der Google-Richtlinien verboten wurde. Links von solchen Webseiten sollten vermieden werden!

Fehler 7: Backlinks von verdächtigen und schwachen Seiten

Risiko: Kritisch

Vorsicht ist bei Webseiten geboten, die eine schnelle und einfache Verbindung bieten. Besonders kritisch sollte man bei Backlink-Seiten sein, die im Titel/Body Wörter wie „Forum", „Link-Verzeichnis", „Artikel-Verzeichnis", „Links", „Eintragen URL" haben. Ebenfalls sollte man bei Seiten vorsichtig sein, die einen sehr niedrigen Page Rank haben (Null oder n/a).

VORSICHT BEIM LINK-KAUF

Die einfachste Möglichkeit, Backlinks zu einer Webseite zu generieren, scheint der Link-Kauf zu sein. Dabei werden die Begriffe „Link-Kauf", „Link-Verkauf", „Link-Tausch" und „Link-Miete" synonym verwendet, was nicht ganz korrekt ist. Beim Link-Kauf bzw. Link-Verkauf wird ein Backlink durch eine einmalige Zahlung dauerhaft erworben. Diese Form des Linkhandels ist vor allem bei karitativen Einrichtungen oder Vereinen zu finden, die Linkplätze auf ihren Webseiten für Sponsoren oder Spenden zur Verfügung stellen. Üblich ist hingegen die Link-Vermietung, bei der ein Backlink gegen monatliche Zahlung gesetzt wird. Ähnlich verhält es sich beim Link-Tausch, bei dem zwei Seiten unentgeltlich aufeinander verweisen. Letzteres Modell ist bei privaten Seiten oder Blogs zu finden.

Wird hier vom „Link-Kauf" gesprochen, ist also eigentlich die „Link-Miete" gemeint. Eine kurze Recherche zum Thema „Backlinks kaufen" fördert im Internet hunderte Angebote zutage: Binnen kürzester Zeit werden die Webseiten automatisiert in hunderttausende Suchmaschinen und Linklisten eingetragen. Grundsätzlich sind diese Angebote äußerst kritisch zu bewerten. Zunächst verstößt der Kauf von Links grundsätzlich gegen die Google-Richtlinien. Erhält eine Webseite über Nacht tausende Backlinks, liegt der Verdacht nahe, dass die Suchergebnisse durch unseriöse Methoden manipuliert wurden, was Google mit einer Abwertung der Webseite straft. Aber auch bei einem Link-Kauf von „seriösen" Anbietern, bei dem beispielsweise auf ein „natürliches Wachstum der Linkstruktur" geachtet wird, ist zu prüfen, in welchen Katalogen die Webseite beworben werden soll.

Grundsätzlich gilt zu bedenken, dass es nur 10 bis 20 relevante Suchmaschinen und Kataloge gibt, die tatsächlich von suchenden Internetnutzern genutzt werden. Die meisten Dienste zielen darauf ab, die zur Anmeldung notwendigen E-Mail-Adressen zu sammeln und die Anmeldung mit Spam-Mails zu quittieren.Beim Link-Kauf gibt es zwei verschiedene Ansätze des Linkhandels: Einerseits werden manuell eingebundene Links angeboten, die beispielsweise über Foren im direkten Kontakt zwischen Käufer und Verkäufer vermittelt werden.

Alternativ werden automatisch eingebundene Links über Backlinkseller vermittelt. Grundsätzlich sind manuell eingebundene Links vorzuziehen. Diese sind zwar teurer, jedoch wächst auf diese Weise der Linkaufbau auf „natürlichere" Art.

Schlusswort

Zunächst möchte ich mich bei Ihnen für Ihre Aufmerksamkeit bedanken. SEO ist ein spannendes, aber zuweilen auch trockenes Thema. Ich hoffe, dass ich Ihnen die verschiedenen Aspekte der SEO so verständlich und lebendig wie möglich nahegebracht habe – und Sie nun etwas klarer sehen, was die anstehenden Aufgaben zur Verbesserung Ihres Rankings angeht.

In diesem Buch haben Sie eine Fülle an Methoden kennengelernt. Es sei angemerkt, dass kaum jemand alle Aspekte dieses Buchs beherzigt. Dies bedeutet im Umkehrschluss, dass Sie ebenfalls nicht alle Methoden gleich in die Praxis umsetzen müssen. Vermutlich werden schon ein paar Maßnahmen sehr gute Ergebnisse bringen. Ich empfehle grundsätzlich, mit einer guten Keywordanalyse und OnPage-SEO zu starten. In den meisten Fällen dürfte Ihre Website bereits gut ranken. Falls nicht, bauen Sie Backlinks über die Sozialen Netzwerke auf (Twitter, Facebook, Google+). Sollte dies noch immer nicht reichen, starten Sie mit den Maßnahmen, die ich im Bereich OffPage-SEO vorgestellt habe. Oftmals reichen wenige gute Backlinks, um eine Seite gut bei Google zu platzieren.

Das wichtigste Element für den dauerhaften Erfolg ist, dass Sie beharrlich bleiben. Also bitte hüpfen Sie nicht von Strategie zu Strategie, sondern gehen Sie konsequent Ihren Weg und vertiefen Sie die Maßnahmen, wenn es notwendig sein sollte. Indem Sie gute Inhalte schaffen und diese intern und extern gut verlinken, steigt Ihr Ranking stetig. Widmen Sie Ihre Zeit dem Aufbau Ihrer Marke bzw.

Ihres Namens und maximieren Sie Ihre Außendarstellung. Dann wird es nicht lange dauern, bis Sie genügend Traffic haben, so dass Sie Ihr nächstes Projekt aufstellen können, indem Sie die erlernten Prozesse nur noch duplizieren. Je mehr Erfahrung Sie gewinnen, desto leichter und schneller werden Sie zukünftige Websites bzw. Unterseiten erfolgreich vermarkten können. Also: Ärmel aufkrempeln und ran an die Arbeit.

ÜBER MICH

Als Generation »Sesamstraße« werde ich wohl immer ein wenig vom korrekten Bert und dem verrückten Ernie in mir tragen. So ist es wenig verwunderlich, dass meine Karriere ein Abbild dieser Charaktere ist. Zunächst studierte ich Rechtswissenschaft. Das Studium machte Spaß, das Examen weniger und die Praxis als Jurist noch weniger.

Infolgedessen studierte ich Grafik-Design und gründete 1999/2000 die Agentur Artivista, die 2008 zur Artivista | Agentur für visuelle Kommunikation GbR firmierte. Heute arbeite ich als Art- oder Creative Director für regionale und bundesweite Projekte. Zudem arbeite ich als Gutachter an der Fachhochschule und schule als Seminarleiter zu den Themen Marketing und SEO u. a. für

‣ Kompetenzzentrum für Kreativwirtschaft der Bundesregierung
‣ Rationalisierungs- und Innovationszentrum
  der Deutschen Wirtschaft e.V.
‣ BSP Business School Berlin, Hochschule für Management

2014 arbeitete ich im Expertengremium der Allianz Deutscher Designer AGD zur Neuerstellung des Vergütungstarifvertrages für selbstständige Designer und Designerinnen und gab AGD-Seminare zum Thema „Moderne Kommunikation".

Mit dem Internet beschäftige ich mich quasi seit Anbeginn des Internetzeitalters. Die Faszination hat auch nach all den Jahren nicht nachgelassen, und vor allem freut es mich, mich heute mit den Experten weltweit abstimmen, neue Techniken besprechen und Strategien ausprobieren zu können.

Bis bald,

Marco

BONUS 1: BUCH-UPDATES & TOOLS

Abschließend möchte ich Sie noch einmal auf den Bonus zu diesem Buch hinweisen. Wie ich bereits auf den ersten Seiten erwähnte, biete ich zu diesem Buch einen Update-Service an. Da Google immer wieder die Regeln leicht verändert, empfehle ich Ihnen unbedingt, von diesem Service Gebrauch zu machen! Auf folgender Seite können Sie ihr Update laden. Zudem liste ich hier aktuelle Software-Tipps auf:

https://seo-marketing-guru.de/seoupdates/

BONUS 2: WORKSHOP

....

Ergänzend zu diesem Buch habe ich einen kostenlosen SEO-Video-Workshop vorbereitet:

https://seo-marketing-guru.de/

BONUS 3: MARKETING
& COMMUNITY

....

Ich lade auch herzlich ein, meiner Facebook-Gruppe KICKSTART-BUSINESS beizutreten. Dies ist ein gute Ort, von Kollegen und anderen SEO-Liebhabern zu lernen, sich mit Weggenossen auszutauschen und tolle Inspirationen für sein Business zu bekommen.

Weitere Kurse zum Internet-Marketing, wie zum Beispiel „Wie präsentiere ich Produkte über Landingpages? Wie nutze ich Paid-Traffic? Was ist E-Mail-Markating? Wie kann ich mein Business automatisieren? finden Sie auf meiner Website: KickstartBusiness.de

https://kickstartbusiness.de

https://www.facebook.com/groups/kickstartbusiness/

KickstartBusiness.de

Professionelle Workshops für deinen Erfolg:

- Etabliere dich als Marke
- Finde neue Kunden
- Verkaufe dich und deine Leistungen „richtig"
- Steigere deinen Gewinn – ohne mehr Arbeit

https://kickstartbusiness.de

Erfolgreich selbstständig.

Gewohnt kurz und knapp erklärt Amazon-Bestseller-Autor Marco W. Linke was Existenzgründer und Selbstständige wirklich wissen sollten ...

ISBN-10: 3732246515
www.designers-inn.de

Grundlagen des Marketing

Lernen Sie in diesem Buch die Grundlagen des Marketing: leicht, verständlich, auf den Punkt. Was ist ein gelungener Marketing-Mix? Was ist das AIDA- oder KISS-Prinzip?

ISBN 9783732244836
www.designkalkulieren.de

Design Fee

Web Fee

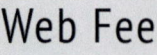